U0202977

数据资产系列丛书

刘云波　总主编

数据要素×

原理、思路与案例分析

王　鹏◎著

内 容 简 介

本书以深入剖析“数据要素×”的内涵、特点和实现路径为核心，从基础理论和领域实践两个维度构建系统性分析框架。在基础理论部分，详细呈现了数据要素的特点特征、作用机制和应用模式，并重点探讨了其与新质生产力、数字经济、经济社会发展等重大战略间的紧密关系。在领域实践部分，对数据要素的应用现状和当前难点问题加以深入分析，结合行业实践具体案例，详细分析数据要素与具体行业领域乘数效应发挥的背景环境、运行情况、成效研究，通过“数据要素×”在 12 个行业领域的应用案例，展现其实际运作模式和取得的显著效果。

本书可作为企事业单位管理人员、数据资产和数据要素从业者、财务会计人员、大数据从业人员的培训教材，也可作为高等学校大数据科学、大数据技术、大数据管理与应用、企业管理等相关专业的配套教材。

图书在版编目(CIP)数据

数据要素×：原理、思路与案例分析 / 王鹏著. --北京 ：北京大学出版社，2025. 1. --(数据资产系列丛书). -- ISBN 978-7-301-35849-8

Ⅰ. TP274

中国国家版本馆 CIP 数据核字第 2025BM6767 号

书　　名	数据要素×：原理、思路与案例分析 SHUJU YAOSU×：YUANLI、SILU YU ANLI FENXI
著作责任者	王　鹏　著
策划编辑	李　虎　郑　双
责任编辑	黄园园　郑　双
标准书号	ISBN 978-7-301-35849-8
出版发行	北京大学出版社
地　　址	北京市海淀区成府路 205 号　100871
网　　址	http://www.pup.cn　新浪微博：@北京大学出版社
电子邮箱	编辑部 pup6@pup.cn　总编室 zpup@pup.cn
电　　话	邮购部 010-62752015　发行部 010-62750672　编辑部 010-62750667
印 刷 者	三河市北燕印装有限公司
经 销 者	新华书店
	720 毫米×1020 毫米　16 开本　14.5 印张　268 千字
	2025 年 1 月第 1 版　2025 年 1 月第 1 次印刷
定　　价	60.00 元

数据资产系列丛书
编写委员会

（按姓名拼音排序）

推荐序一

随着全球数字经济的快速发展，数据作为一种新型生产要素，正成为推动全球经济结构转型和全球价值链重塑的战略资源，也是国际竞争的制高点。我国政府高度重视数字经济发展和数据要素的开发应用，国家层面出台了一系列政策，大力推动数据要素化和数据资产化进程。在这一时代背景下，如何有效管理和利用数据资源或数据资产，成为各行各业亟须解决的重大课题。

数据具备不同于传统生产要素的独特价值。数据的广泛运用，将推动新模式、新产品和新服务的发展，开辟新的经济增长点。更重要的是，数据的广泛运用带来的是效率的提升，而不是简单的规模扩张。例如，共享单车的兴起并未直接带来自行车产量的增长，但却显著提升了资源的使用效率。这种效率提升，是数字经济最核心的贡献，也是高质量发展所追求的目标。

数字经济发展不仅需要技术创新，还需要战略引领和政策支持。没有战略的引领，往往会导致盲目发展，最终难以实现预期目标。中国在数字经济领域的成功经验表明，技术创新和商业模式创新相辅相成，数字产业化与产业数字化同步推进。国家制定数字经济发展战略要因地制宜，不可照搬他国模式，也不能搞“一刀切”。战略引领和政策支持都必须遵循数字经济发展的规律，因此，要不断深化对数字经济的研究。

数据要素化是世界各国共同面对的新问题，有大量的理论问题和政策问题需要回答。当前，各国在数据管理、政策制定及监管方面，仍面临诸多挑战。例如，如何准确衡量数据资产的价值，如何确保数据跨境流动的安全与合规，都是摆在各国政府和企业面前的难题。对我国而言，没有信息化就没有现代化，没有网络安全就没有国家安全，在发展数字经济的同时，必须保证信息安全。因此，在制定数据收集、运用、交易、流动相关政策时，始终要坚持发展与安全并重的原则。

创新数字经济的监管同样需要研究新问题。随着数据的广泛应用，隐私保护、数据安全以及跨境流动的合规性问题变得愈加复杂。各国在探索数字经济监管体系时，必须坚持市场主导和政府引导相结合的原则，确保监管体系的适应性、包容性和安全性。分类监管是未来监管体系创新的重要方向。

针对不同类型的数据，根据其对经济和安全的不同影响，创新监管方式，既要便利数据的有序流动，也要确保安全底线。

北京大学出版社出版的《数据资产系列丛书》，系统总结了数字经济发展的政策与实践，对一系列前沿理论问题和方法进行了探讨。本丛书不仅从宏观层面讨论了数字经济的发展路径，还结合大量的实际案例，展示了数据要素在不同行业中的具体应用场景，为政府和企业充分开发和利用数据提供了参考和借鉴。通过阅读本丛书，从数据的收集、存储、安全流通、资产入表，到深入的开发利用，读者将会有更加全面的了解。期待本丛书的出版为我国数字经济健康发展作出应有的贡献。

是为序。

国务院发展研究中心副主任
隆国强

推荐序二

随着全球产业数字化、智能化转型的深度演进，数据的战略价值愈发重要。作为新型生产要素，数据除了是信息的集合，还可以通过分析、处理、计量或交易成为能够带来显著经济效益和社会效益的资产。在这一背景下，政策制定者、企业管理者和学术界，都在积极探索如何高效管理和利用数据资产，以实现高质量发展。从整个社会角度看，做好数据治理，让数据达到有序化、合规化，保障其安全性、隐私性，进一步拓宽其应用场景，可以更好地为经济赋能增值。对于企业而言，数据作为核心资源，具有与传统有形资产显著不同的特性。它的共享性和非排他性使得数据资产管理更加复杂，理解并掌握数据资产的管理和使用方法及其价值创造方式，有助于形成企业自身的数据治理优势，能够提高企业的市场竞争力。正如我曾在多个场合提到的，数据资产的管理不仅是一个技术问题，更涉及政策、法律和财务领域的多方协作。因此，科学的管理体系是企业有效利用数据资产、提升经济效益的基础。

北京大学出版社《数据资产系列丛书》的出版，为这一领域提供了宝贵的理论支持与实践指导。本丛书不仅详细介绍了数据资产管理的基本理论，还结合大量实际案例，展示了数据资产在企业运营中的广泛应用。丛书在数据资产的财务处理、规范应用以及数据安全等方面，均进行了大量有益探索。在财务处理方面，企业需要结合数据的独特属性，建立适应数据资产的财务管理制度和管理体系。这不仅需要考虑数据的质量、时效性和市场需求，还需要构建符合数据资产特性的确认、计量和披露要求，以确保其在企业财务报表中的科学反映，帮助企业更好地将数据资产纳入其整体财务管理框架。在法律与政策层面，国家近年来出台了一系列法规，明确了数据安全、隐私保护及数据交易流通的基本规范。这些法规为企业和政府部门在数据资产管理中的合法合规提供了保障。在数据交易流通日益频繁的背景下，如何确保数据安全、完善基础设施建设，成为政府和企业必须面对的挑战，丛书在这些方面的分析和探讨均有助于引导读者对数据资产进行进一步的研究探索。

本丛书不仅适用于政策制定者、企业管理者和财务管理人员，也为学术界提供了深入研究数据资产管理的丰富素材。丛书从理论到实践，对数据资产的综合管理进行了系统整理和分析，可以帮助更多的企业、相关机构在数字经济时代更好地利用数据要素资源。我相信，随着数据资产管理制度体系的逐步完善，数据将进一步发挥其在资源配置、生产效率提升及经济增长中的重要作用。企业也将在这一过程中，通过科学的管理和有效的应用，进一步提升其市场竞争力，实现更高水平的发展与转型。

中国财政科学研究院副院长

徐玉德

推荐序三

数据作为重要的生产要素，其价值日益凸显，已成为推动国民经济增长、技术创新与社会进步的关键要素。数据从信息的集合转变为可持续开发的资源，这不仅改变了企业的运营模式，也对全球经济发展路径产生了深远的影响。中国作为世界第二大经济体也是数据大国，近年来积极探索数据要素化的路径，推进数据在安全前提下的国际流动，推动全球数字经济有序健康发展。在这个过程中，如何科学地管理、评估与运营数据资产，已成为企业、政府部门乃至国家进行数据管理的核心议题。

从政策层面上看，数据资产的管理和跨境流动涉及多个方面，包括数据隐私、安全性、合规性以及经济效益的最大化。为了规范数据的使用与流动，确保国家安全与经济发展，近年来，我国出台了一系列法律法规，如《中华人民共和国网络安全法》与《中华人民共和国数据安全法》。这标志着我国在数据要素化的进程中迈出了重要一步，为企业的数据资产管理提供了法律依据，确保数据在创造经济价值的同时，保持高度的安全性与合规性。同时，还为推动数字经济的高质量发展提供了法律和制度保障。

北京大学出版社《数据资产系列丛书》的出版，恰逢其时。本丛书系统地梳理了数据资产的概念、运营管理、入表及价值评估等关键议题，可以帮助企业管理者和政府决策部门从理论到实践，全面理解数据资产的开放与共享、运营与管理。本丛书不仅涵盖了数据资产管理的基本理论，还结合了大量的实际案例，展示了数据资产在不同行业中的应用场景。例如，在公共数据的管理与运营中，丛书通过具体的案例分析，详细地讨论了如何在数据开放与隐私保护之间取得平衡，确保公共数据的合理使用与价值转化。从公共数据资产运营管理的角度，丛书不仅为政府与公共机构提升服务水平、优化资源配置提供了新思路，还能够带来巨大的社会效益。丛书中特别提到，随着大数据技术的广泛应用，公共数据的应用场景日益多样化，从智慧城市建设到公共医疗服务，数据的价值正在各个领域得到充分体现。丛书通过对这些实践的深入分析，为企业与公共机构提供了宝贵的参考，帮助其在实际操作中最大化地发挥数据的内在价值。

在企业层面，如何将数据从普通的资源转化为具有经济价值的资产，是当前企业管理者面临的重大挑战。数据资产不同于传统的有形资产，它具有共享性、非排他性和高度的流动性。这意味着企业在管理数据时，必须采用与传统资产不同的管理方法和评估模型，数据资产的有效管理，不仅能够帮助企业提高运营效率，还能够显著提升其市场竞争力。通过对数据的全面收集、分析与应用，企业可以更加精准地把握市场需求，优化生产流程，进而实现经济效益的最大化。此外，数据资产的会计处理与价值评估，是数据资产管理中的核心环节之一。由于数据资产的无形性和动态性，使得传统的资产评估方法难以完全适用。丛书中分析了数据资产的独特属性，入表和价值评估的相关要求和操作流程，可以帮助企业在财务决策中更加科学地进行数据资产的评估与管理。另外，还可以帮助企业将数据资产纳入其整体财务管理体系，提升企业在市场中的透明度与公信力。

推动数字经济有序健康发展，不仅需要政策的支持，还需要企业的积极参与。通过阅读本丛书，读者将能够更加深刻地理解数据资产的管理框架、财务处理规范及其在经济增长中的关键作用，并且在公共数据资产运营、数据安全、隐私保护及数据价值评估等方面，获得系统的指导。

总之，数字经济的迅猛发展，给全球经济带来了新的机遇与挑战。数据资产作为核心资源，其管理与运营将直接影响企业的长远发展。我相信，本丛书不仅为企业管理者提供了宝贵的实践经验，还将推动中国数字经济持续健康稳定发展。

全国政协委员、北京新联会会长、中国资产评估协会副会长
北京中企华资产评估有限责任公司董事长
权忠光

丛书总序

2019年10月31日，中国共产党第十九届中央委员会第四次全体会议通过《中共中央关于坚持和完善中国特色社会主义制度 推进国家治理体系和治理能力现代化若干重大问题的决定》，提出要健全劳动、资本、土地、知识、技术、管理、数据等生产要素由市场评价贡献、按贡献决定报酬的机制，“数据”首次被正式纳入生产要素并参与分配，这是一项重大的理论创新。2020年3月30日，中共中央、国务院发布《中共中央、国务院关于构建更加完善的要素市场化配置体制机制的意见》，将数据与土地、劳动力、资本、技术等传统要素并列成为五大生产要素。《中共中央、国务院关于构建数据基础制度更好发挥数据要素作用的意见》提出要根据数据来源和数据生成特征，分别界定数据生产、流通、使用过程中各参与方享有的合法权利，建立数据资源持有权、数据加工使用权、数据产品经营权等分置的产权运行机制。鼓励公共数据在保护个人隐私和确保公共安全的前提下，按照“原始数据不出域、数据可用不可见”的要求，以模型、核验等产品和服务等形式向社会提供，实现数据流通全过程动态管理，在合规流通使用中激活数据价值。

可以预期，数据作为新型生产要素，将深刻改变我们的生产方式、生活方式和社会治理方式。随着数据采集、治理、应用、安全等方面的技术不断创新和产业的快速发展，数据要素已成为国民经济长期增长的内生动力。从广义上理解，数据资产是能够激发管理服务潜能并能带来经济效益的数据资源，它正逐渐成为构筑数字中国的基石和加速数字经济飞跃的关键战略性资源。数据资产的科学管理将为企业构建现代化管理系统，提升企业数据治理能力，促进企业战略决策的数据化、科学化提供有力支撑，对于企业实现高质量发展具有重要的战略意义。数据资产的价值化是多环节协同的结果，包括数据采集、存储、处理、分析和挖掘等。随着技术的快速发展，新的数据处理和分析技术不断涌现，企业需要更新和完善自身的管理体系，以适应数据价值化的内在需求。数据价值化将促使企业提升数据治理水平，完善数据管理制度，建立完善的数据治理体系；企业还需要打破部门壁垒，实现数据的跨部门共享和协作。随着技术的高速发展，大数据、云计算、人工智能等技术的应用日益广泛，数据资产的价值正逐渐被不同行业的企业所认识。然而，相较于传统的资产类型，数据资产的特性使得其在管理、价值创造与会计处理等方面面临诸多挑战，提升数据资产的管理能力是产业数字化和数据要素化的关键，也是提升企业核心竞争力和发展新质生产力的必然选择。我们需要在不断研究数据价值管理理论的基础上，深入开展数据价值化实践，以有效释放数据资产的价值并推进数字经济高质量发展。

财政部 2023 年 8 月印发《企业数据资源相关会计处理暂行规定》，标志着“数据资产入表”正式确立。2023 年 9 月 8 日，在财政部指导下，中国资产评估协会印发《数据资产评估指导意见》，为数据资产价值衡量提供了重要标准尺度。数据资产入表的推进为企业数据资产的价值管理带来新的挑战。数据资产入表不仅需要明确数据资产确认的条件和方式，还涉及如何划定数据资产的边界，明确会计核算的范围，这是具有一定挑战性的任务。最关键的是，数据资产入表只是数据资源资产化的第一步。同时，数据资产的价值评估已成为推动数据资产化和数据资产市场化不可或缺的重要环节之一。由于数据资产的价值在很大程度上取决于其在特定应用场景中的使用，现实情况中能够直接带来经济利益流入的应用场景相对较少，如何对数据资产进行合理和科学的价值评估，也是资产评估行业和社会各界所关注的重要议题，需要深入进行理论研究并不断总结最佳实践。

数据资产化将加速企业数字化转型，驱动企业管理水平提升，合规利用数据资源。数据资产入表将对企业数据治理水平提出挑战，企业需建立和完善数据资产管理体系，加强数字化人才的培养，有效地进行数据的采集、整理，提高数据质量，让数据利用更有可操作性、可重复利用性。企业管理层将会更加关注数据资产的管理和优化，强化数据基础，提高企业运营管理水平，助力企业更好地遵循相关法规，降低合规风险，注重信息安全。通过对数据资产进行系统管理和价值评估，企业能够更好地了解自身创新潜力，有助于优化研发投资，提高业务的敏捷性和竞争力，推动基于数据资产利用的场景创新并激发业务创新和组织创新。因此，需要就数据资源的内容、数据资产的用途、数据价值的实现模式等进行系统筹划和全面分析，以有效达成数据资源的资产化实现路径，并不断创新数据资产或数据资源的应用场景，为企业和公共数据资产化和资本化的顺利实现，通过数据产业化发展地方经济，构建新型的数据产业投融资模式，以及国民经济持续健康发展打下坚实的基础。

数据要素在政府社会治理与服务，以及宏观经济调控方面也扮演着关键角色。数据要素的自由流动提高了政府的透明度，增强了公民和政府之间的信任，同时有助于消除“数据孤岛”，推动公共数据的开放共享。来自传统和新型社交媒体的数据可以用于公民的社会情绪分析，帮助政府更好地了解公民的情感、兴趣和意见，为公共服务对象的优先级制定提供支持，提升社会治理水平和能力。还可以对来自不同公共领域的数据进行相关性分析，有助于政府决策机构进行更准确的经济形势分析和预测，从而促进宏观经济政策的有效制定。公共数据也具有巨大的经济社会价值，2023 年 12 月 31 日国家数据局等 17 个部门联合印发《“数据要素×”三年行动计划（2024—2026 年）》，提出要以推动数据要素高水平应用为主线，以推进数据要素协同优化、复用增效、融合创新作用发挥为重点，强化场景需求牵引，带动数据要素高质量供给、合规高效流通，培育新产业、新模式、新动能，充分实现数据要素价值。2023 年 12 月 31 日，财政部印发《关于加强数据资产管理的指导意见》，明确指出要坚持有效市场与有为政府相结合，充分发挥市场配置资源的决定性作用，支持用于产业发展、行业发展的公共数据资产有条件有偿使用，加大政府引导调节力度，探索建立公共数据资产开发利用和收益分配机制。我们看到，大模型已在公共数据开发领域发挥着显著的作用。

数据要素化既有不少机遇也有许多挑战，当前在数据管理、数据安全及合规监管方面还有大量的理论问题、政策问题以及具体的实现路径问题需要回答。例如，如何准确衡量数据资产的价值，如何确保数据交易流动的安全与合规，利益的合理分配，数据资产的合理计量和会计处理，都是摆在政府和企业面前的难题。在这样的背景下，北京大学出版社邀请我组织编写《数据资产系列丛书》，我深感荣幸与责任并重。我们生活在一个信息飞速发展的时代，每一天都有新的知识、新的观点、新的思考在涌现。作为致力于传播新知识、启迪思考的丛书，我们深知自己肩负的使命不仅仅是传递信息，更是要引导读者深入思考，激发他们内在的智慧和潜能。在筹备丛书的过程中，我们精心策划、严谨筛选，力求将最有价值、最具深度的内容呈现给读者。我们邀请了众多领域的专家学者，他们用自己的专业知识和独特视角，为我们解读相关理论和实践成果，让我们得以更好地理解那些隐藏在表象之下的智慧和思考。本丛书不仅是对数据要素领域理论体系的一次系统梳理，也是对现有实践经验的深度总结。在未来的数字经济发展中，数据资产将扮演越来越重要的角色，希望这套丛书能成为广大从业人员学习、参考的必备工具。

我要感谢本丛书的作者团队。他们在繁忙的工作之余，收集大量的资料并整理分析，贡献了他们的理论研究成果和丰富的实践经验，他们的智慧和才华，为丛书注入了独特的灵魂和活力。

我要感谢北京大学出版社的编辑和设计团队。他们精心策划、认真审阅、精心设计，他们的专业精神和创造力，为丛书增添了独特的魅力和风采。

我还要感谢我的家人和朋友们。他们一直陪伴在我身边，给予我理解和支持，让我能够有时间投入到丛书的协调和组织工作中。

最后，我要再次向所有为丛书的出版作出贡献的人表示衷心的感谢，是你们的努力和付出，让丛书得以呈现在大家面前；我们也将继续努力，为大家组织编写更多数据资产系列书籍，为中国数字经济的发展作出应有的贡献。

中国资产评估协会数据资产评估专业委员会副主任
北京中企华大数据科技有限公司董事长
刘云波

前　　言

近年来，我国数字经济蓬勃发展，数字基础设施规模跨越式增长，数字技术和产业体系日臻完善，为充分发挥数据要素的作用奠定了基础。党的二十大报告也指出要“加快发展数字经济，促进数字经济和实体经济深度融合，打造具有国际竞争力的数字产业集群”。

随着数字经济研究的深入以及人工智能技术的应用，数据要素市场获得了显著的进展。我国数据要素产业发展具备广阔的发展前景。首先，政府提出了一系列政策措施以促进数据要素市场健康发展。其次，我国拥有庞大的人口基数和互联网产业基础，积累了丰富的数据资源，为数据要素产业发展提供了强大的支撑。再次，不断涌现的优秀数据企业和创新项目，为我国数字经济发展注入新的活力。最后，政府鼓励政务数据对公众开放共享，促进了数据流通和价值挖掘，并正在努力构建先进的数据交易基础环境，加强数据资产登记管理，推动数据要素市场健康发展。

在数字化时代，数据成为重要生产要素，“数据要素×”备受关注。“数据要素×”具有巨大潜力和价值，但面临诸如数据质量、流通机制、应用潜力等问题，需加强安全管理和风险防范。当前，对“数据要素×”的相关研究仍处于初级阶段，需深入系统研究，指导“数据要素×”在各领域的实践探索、促进产业发展。深入研究“数据要素×”在数字经济发展中的关键作用有助于充分发挥我国优势资源，推动数字经济高质量发展，提高数据资源开发利用效率，促进经济转型升级。本书重点探讨“数据要素×”的内涵、特征、作用机制、发展路径等问题，希望可以为我国的数字经济发展提供一定的理论指导，推动经济社会现代化。

本书整体分为两个维度，分别是理论维度和实践维度。

（1）从理论维度来看，本书系统阐述了“数据要素×”的基本原理，包括对信息、数据、数据资源、数据要素的定义和特征，以及“数据要素×”对经济社会发展的作用机制，即“数据要素×”如何助推经济社会发展进行了详细阐述，包括与高质量发展、数字经济、数据要素市场改革以及数据要素价值化的关系。这一理论框架为“数据要素×”的研究提供了基础。

（2）从实践维度来看，本书对“数据要素×”的发展轨迹进行了全面而深入的梳理。它详尽地覆盖了中央政策、地方政策，展示了最新政策的演变过程，尤其在地方政府探索典型案例部分，着重展示了不同地区在“数据要素×”方面的试点情况，从而揭示了各地在“数据要素×”领域的探索与实践。通过对国内成功“数据要素×”案例的分析和研究，不仅展现了各地区在“数据要素×”方面的实践探索，还勾勒出了“数据要素×”发展的历史脉络和实践进展，为未来的研究提供了宝贵的经验借鉴。同时，本书还借鉴了国内外相关理论成果和实践经验，并结合我国数字经济发展的实际情况，深入探讨了“数据要素×”的发展趋势和应用前景。

本书融合了视角创新、理论创新和方法创新。这三种创新是相辅相成的，共同构成了对“数据要素×”研究全面且深入的探索体系，旨在为我国数字经济发展提供科学的指导，推动数字经济的持续发展与繁荣。

在本书的撰写过程中，本书作者参考了大量的相关书籍和资料，在此向其作者表示衷心的感谢！

由于作者水平所限，加之时间仓促，书中难免存在不足之处，敬请广大读者批评指正。

王　鹏

2024 年 8 月

目　录

第 1 章

“数据要素×”的原理和思路

“数据要素×”是一种战略性的思维模式，它通过将数据作为一种新型的生产要素，与其他生产要素相结合，发挥出乘数效应。这种思维模式旨在推动数字经济和实体经济的深度融合，从而实现高质量发展。“数据要素×”是数字经济时代的一个关键概念，其核心理念是将数据视为一种新兴的生产要素，与传统的土地、劳动、资本等生产要素并列。这种理论创新不仅凸显了对数据在现代经济中作用的重视，还为数据的实际应用提供了全新的视角。“数据要素×”不仅仅包括数据，更是数据与技术、人才、物资等其他生产要素结合后的新产物。这种结合能够产生巨大的经济效益，为企业带来更大的竞争优势，同时也为社会创造更多的价值。因此，理解和运用“数据要素×”，对于实现经济高质量发展具有重要意义。

1.1 “数据要素×”的发展现状与挑战

1.1.1 “数据要素×”顶层设计初步建立

2019 年 10 月，党的十九届四中全会首次将数据列为生产要素，我国由此开启数据要素市场化的制度探索。此后，我国陆续出台了《中共中央、国务院关于构建更加完善的要素市场化配置体制机制的意见》《要素市场化配置综合改革试点总体方案》等一系列政策，逐步构建全国数据要素统一大市场，推进政府数据开放共享，加强数据资源整合和安全保护。2020 年 5 月，《中共中央、国务院关于新时代加快完善社会主义市场经济体制的意见》提出加快培育发展数据要素市场。

2022 年 12 月，《中共中央、国务院关于构建数据基础制度更好发挥数据要素作用的意见》（简称“数据二十条”）提出构建数据产权、流通交易、收益分配、安全治理等制度，初步形成我国数据基础制度的“四梁八柱”，将有效破除阻碍数据要素供给、流通、使用的体制机制障碍。“数据二十条”强调持有权、使用权和经营权，提出确立“三权分置”，打造具有中国特色的数据产权结构；在流通交易方面，主要表现为两种实践形式，一是数据交易所为媒介的场内交易，二是企业之间直接发生的数据交易；在收益分配方面，体现效率，促进公平；在安全治理方面，将数据安全贯彻到治理的全过程。2023 年以来，我国数据要素政策进一步实践落地。2023 年 3 月，中共中央、国务院印发《党和国家机构改革方案》，提出组建国家数据局，职责之一就是推进数据要素基础制度建设。2023 年 10 月 25 日国家数据局挂牌成立。

2023 年 12 月，国家数据局等 17 个部门联合印发了《“数据要素×”三年行动计划（2024—2026 年）》，该文件重点强调数据在工业制造、商贸流通、金融服务、医疗健康等 12 个社会领域的赋能作用。以数据高水平应用为主线，激发数据要素活力和潜能，通过必要的组织实施，发挥数据要素乘数效应，推动中国经济高质量发展。数据要素市场作为新兴市场，需要在实践中重点聚焦基础性、现代化产业，打通全链条数据交互，促进数据有序跨境流动。

此外，2023 年 8 月财务部印发了《企业数据资源相关会计处理暂行规定》，明确了数据资产入表的相关规定，进一步激发了企业参与数据要素流通交易的积极性，标志着我国即将步入“数据资产”时代。

当前，我国形成了“政策—发展规划—国家标准—法律法规”四位一体的数据要素相关的制度体系，保障了数据要素的安全运用，推进了公共数据开放工作的落实，让公共数据资源更好地服务于国家竞争力提升、营商环境优化和产业发展促进。

1.1.2 “数据要素×”落地实施的组织管理架构

1. 国家数据局——政府领导下多元主体参与共治

国家数据局在政府主导下进行多元主体治理，充分发挥自身的数据资源管理能力，推动发展“数据要素×”的宏观政策制定和规则体系构建。在国家层面承认社会组织、公民等主体参与数据要素市场化建设的必要性，发挥各主体的职能和优势，构建公平合理的管理架构。国家数据局和其他政府部门秉持共建共治共享的价值理念，寻求共同的经济价值目标，汇聚数据要素乘数效应的强大向心力。在数据开发阶段，国家数据局统筹公共数据以及社会数据的开发，实现政府和市场职能优势的深度融合；在数据整合阶段，国家数据局牵头实现数据资源的互换共享，破解“信息孤岛”问题；在数据利用阶段，国家数据局负责构建并完善事前、事中、事后的监督管理体系，保证数据要素运用的信息安全。

2. 地方数据交易所——采用 CDM 机制发挥自身优势

在国家政策的带动下，各地为增强自身在数字经济浪潮中的竞争优势，纷纷开始成立数据交易所，加快培育数据交互和流通新业态。2015 年 4 月，我国第一家由地方政府批准成立的数据交易所在贵阳挂牌成立。截至 2023 年底，全国已有二十多个省市成立了专门的数据交易机构。[①]

---

① 数据来源：2024 年 6 月国家数据局发布的《数字中国发展报告（2023 年）》。

目前数据交易所的运作模式贯彻数据要素的“收—存—治—易—用—管”全生命周期，能够围绕不同场景开展相应的业务活动。数据交易所作为承载场景数据匹配（context-data-match，CDM）机制的新式载体，旨在突破线性模式，推动场景与数据有效融合，为数据交易提供合法保障。数据交易所在建设过程中，重点围绕场景和数据匹配，将数据要素贯穿到“公共—产业—企业—用户”的多维场景，借助 CDM 整合数据要素市场，解决当前数据交易的发展瓶颈，激活数据要素潜能，探索“数据要素×”更为匹配的组织管理架构。

1.1.3 “数据要素×”当前的发展环境

当前，我国“数据要素×”的发展环境建设尚处于起步阶段，产业界将深入实施“数据要素×”行动，重点围绕完善数据要素市场规则和标准、培育数据要素市场生态体系、加强数据要素基础设施建设等方面，推动数据要素市场规模化、规范化发展。

1. 完善数据要素市场规则和标准

强化各级数据要素市场的信息披露、市场准入、分类分级授权等机制建设，建立统一的数据交易规则，指导各地制定和完善数据交易场所管理办法。各地积极引导数据要素“三权分置”的登记、确权管理方式和流程，鼓励有条件的地区在数据资产估值、会计核算等方面先行先试，探索提高数据要素流通效率和收益分配公平性的有效手段。同时要围绕数据要素市场的国际标准化建设，建立由政府引导、企业提供智力资源、高校研学培养数据人才的工作机制，加强国内外合作。支持企业及其他社会组织积极参加 ISO、ITU、IEC 等国际标准组织的活动，主持相应的国际学术会议和参与国际标准制定工作。

2. 培育数据要素市场生态体系

推动各地加强数据交易流通技术研究和专业人才培养。积极建设多元的数据要素服务生态，通过业绩评估等方式遴选出一批优秀可靠的数据服务商和专业的第三方服务机构，实施第三方评级认证并颁发相应证书，提升数据要素提供方的服务水平。数据交易机构应加强算力支撑能力建设，掌握“数据可用不可见，可控可溯源”的数据流通技术，培育更多数据要素创新主体，提升标准化技术服务的专业水平。除此之外，国家同样重视“数据要素×”应用实践的人才建设。根据国家公务员局网站发布的通告，2023 年国家数据局计划在国考中招录 12 人，要求基层最低工作年限为 3 年，涵盖电子信息、计算机、通信工程等多个专业。结合国家数据局的职能定位和数字中国建设，相关高校教育应培养既懂专业又懂行业的复合型人才。

3. 加强数据要素基础设施建设

推进支撑数据要素全生命周期的数据基础设施部署，如 5G、千兆光网、物联网等网络基础设施建设，增强高速泛在的数据采集和连接能力，推动云计算中心、超算中心等算力基础设施提升数据分析能力，实现异构算力设施与网络设施协同调度。对重点行业可信数据空间进行试点，依托现有标识解析体系搭建国家数据标识体系。探索公私合营的可能性，运用区块链、隐私计算等关键技术强化数据安全防护，集中搭建可信可追溯的新型数据流通平台。

1.1.4 数据交易所及其生态构建

贵阳大数据交易所于 2015 年成立，是全国首家以大数据命名的交易所，致力于建设成为国家级数据交易所，打造数据流通核心枢纽，形成数据交易生态体系，其产品涵盖数据产品和服务、算法工具、算力资源等，拥有气象、电子、政府、算力、时空数据五大专题。2023 年 4 月，贵阳大数据交易所上线“算力资源专区”。

上海数据交易所于 2021 年 11 月成立，目标是成为全球数据要素配置的重要枢纽，重点推出金融和航运板块，发展人工智能创新能力，打造“语料库”专区，致力于构建多层次数据要素市场和全链条数商生态体系，其交易流程清晰、全面、公开、透明。

“数据二十条”中提出，要“建立合规高效、场内外结合的数据要素流通和交易制度”“统筹构建规范高效的数据交易场所”，可见国家高度重视数据要素的流通和交易。

1. “体系＋平台＋场景”的运营模式

从运营体系架构来看，大部分数据交易所属于“体系＋平台＋场景”的运营模式。例如，广州数据交易所提出了“一所多基地多平台”，华东江苏大数据交易中心关注生态联盟和特色中心的建设，浙江大数据交易中心从行业和地域两个角度划分专区。

2. 数字交易依靠场内外相结合

当前场内外相结合的数据交易市场形式成为主要途径，各地政府主张建立多层级数据要素交易市场体系。我国点对点的场外数据交易已经初具规模，形成稳定的供需关系和一批专门从事数据采集加工的数据服务企业，但是场内交易仍处于起步阶段。各地重视创新场内交易方式，扩大公共数据资源供给，加快构建多元化、多层级数据交易市场。

3. 注重数据交易安全建设

数据要素的高效安全流通离不开数据交易场所和数据交易平台。我国数据交易所主要采用“政府指导、国资入股、市场化运营”的方式，以提供综合型数据服务为主，初步形成事前“合规评估—质量评估—注册登记”、事中“挂牌—交易撮合—签订交易协议—交付和结算”、事后“交易备案和发放凭证”等一套完整的交易流程。数据交易平台建设呈现出政府主导和企业主导两种模式并存的情况。

两种模式在数据要素市场化流通过程中通常呈现出联动态势，具体表现在以下方面。

（1）数据交互。

将开放共享的政府数据放在数据交易平台进行市场化流通，可以利用具有多层价值的政府数据培养数据要素平台建设，同时丰富数据交易平台的产品类型。

（2）数商互通。

数据交易平台产生的业务可以反向为政府数据开放共享提供支持，并且注重数据安全、数据服务、数据定价等。

（3）方式协调。

强调不同层级间数据交易平台的交流互通，寻找恰当的方式建立统一的主管部门。

4. 积极培养创新主体

数据要素市场涉及的场景复杂多元，需要构建完善的数据要素产业生态，培育更多的创新主体。

当前，江苏、上海、北京等地推进数据要素市场化建设，重视数据要素生态体系平衡，为数据交易双方提供技术服务。

江苏省率先开展数据要素市场生态培育，围绕数据采集、管理、流通等环节，引导政府和企业先行先试，跟踪指导专项议题，加快构建本地的数据要素市场生态体系。上海数据交易所率先提出“数商”概念，将数据要素交易主体，以及质量评估、资产评估等主体汇聚到同一平台，对各类市场主体进行规范，构建更加繁荣的数据流通生态。北京建立了面向全球的“数字经济中介”产业体系，致力于培育更多高质量的数据中介产业。

1.1.5　“数据要素×”发展面临的挑战

1. “数据要素×”顶层规划框架不完善

2023 年 12 月发布的《“数据要素×”三年行动计划（2024—2026 年）》，聚焦工业制造、现代农业、商贸流通、交通运输、金融服务、科技创新、文化旅游、医疗健康、应急管理、气象服务、城市治理、绿色低碳 12 个领域，制订与数据要素融合发展的具体行动计划。随着一系列重大政策文件的相继发布，推动数字经济做大做强已经成为当前经济发展的重点。但在对数据要素的顶层规划设计方面还有进步的空间。

（1）《“数据要素×”三年行动计划（2024—2026 年）》注重短期落地实践成效，数据要素发展还需要具有前瞻性的长远规划。

《“数据要素×”三年行动计划（2024—2026 年）》遵循“需求牵引，注重实效”等原则，着眼三年短期目标，聚焦最大程度发挥数据要素乘数效应的短期项目，同时，国家数据局在关注短期发展的同时也需要有长期规划。“数据要素×”将成为我国未来相当长时间内经济增长的重要推动力，数据要素市场健康发展还需要在国家层面进行更具有前瞻性的规划思考。

（2）国家数据局的成立结束了我国数据要素“九龙治水”格局，但实践效果有待检验。

过去，数字化发展相关职能分散，各行各业数据归口于不同管理部门，缺乏中央层面的有效统筹，极大地限制了数据的共享流通。国家数据局的组建强化了国家层面的统筹能力，有助于破解“九龙治水”困局。然而数据要素市场具有高度的复杂性和不均衡性，加大了国家层面统筹管理的难度，在具体的实践过程中仍然面临着无法可依的困境。相关领域政策的空白仍需进一步填补，以保障顶层规划设计成功落地。

2. 数据要素统筹协调能力不足

我国已组建了国家数据管理机构统筹数据的发展与安全，在国家层面统筹兼顾各地区各领域数据要素发展。然而我国数据要素市场在统筹布局层面还面临着不少困难。

（1）企业间、行业间、政府间存在“数据孤岛”问题，数据资源利用效率较低。

目前，北京、天津、广东、浙江等十余个省区市设立了省级数据管理机构，但每个地方的数据管理机构隶属的管理部门不尽相同、级别迥异。这导致数据要素市场规则缺乏统一性，各地公共数据资源协同难度大，严重影响了数据要素在全国范围内的流通利用。同时，不仅各地方同级数据管理机构的职权范围及职能定位不同，地方数据管理机构与国家数据局的职权范围也并非一一对应。未来国家数据局需要进一步厘清央地数据机构关系，形成科学的纵向管理机制。

（2）虽然国家数据局在全国层面统筹谋划全国数字经济发展，但在具体实践层面的政企合作协调机制还需进一步完善。

构建政企合作机制有助于充分激发数据要素潜力，强化市场对政府数据资源和社会数据资源的开发利用。然而当下我国缺乏“政府—市场—企业”三方关联的数据资产统一管理平台，政企合作面临信任度不足、透明度不足、激励度不足的困境，数据要素市场亟待优化协调政企分工合作机制。

3. 数据要素基础制度不完备

近年来，我国数据产量迅速增长，但相关的配套基础制度建设滞后，存在数据产权制度不明、数据收益分配不均等问题。

（1）数据产权制度面临理论与实践双重困境，难以清晰界定数据权属。

数据存在“一数多权”现象，传统法律体系不适用于数据产权，且分行业、分地区的确权授权实践缺乏指导性细则和试点示范机制。“数据二十条”提出的“三权分置”制度框架虽有创新，但在推进数据分类分级确权授权方面仍面临挑战。

（2）数据收益分配不均也制约了数字经济的高质量发展。

目前，市场尚未形成统一的定价规则，导致数据要素价格难以准确反映实际贡献价值，收入分配公平性受到挑战。数字经济红利更多倾向于资本持有者，而普通数据生产者未能充分享受红利。地区间的数据资源分布不均衡，沿海发达地区收益更大，拉大了地区差距。数据定价机制也不完善，数据形态和权属复杂多变，难以形成统一定价规则，且尚未建立适应“三权分置”框架的新型数据定价机制。

4. 数据要素交易流通生态不成熟

统筹构建规范高效的数据交易场所，建立合规高效、场内外结合的数据要素流通和交易制度是充分挖掘和释放数据要素的价值，促进数字经济高质量发展的应有之义。然而，从全国范围看，制约我国数据交易市场功能有效发挥的障碍和问题还较多。

（1）数据权属界定困难，制约数据交易发展。

区别于其他生产要素，数据具有价值难确定、非竞争性、非排他性、强场景化等复杂属性，传统的法律理论体系不完全适用于数据产权，学术界和政策界尚未对数据权属体系达成共识。然而数据交易的顺利进行依赖于清晰的数据权属规则，数据权属不明在很大程度上制约着数据交易的发展。

（2）场内数据交易规模有限，场外零散“点对点”交易占比高，甚至出现“数据黑市”交易。

据统计，2022 年数据要素场内交易规模仅占数据要素市场总规模的 2%～3%，大量数据交易发生在场外。这表明，一方面政府在引导和鼓励数据进场交易方面还有提升空间，另一方面数据交易所的服务能力还需要进一步优化，以吸引交易者主动进场。

（3）数据交易机构运营发展面临阻碍，影响数据交易可持续发展。

首先，数据交易机构职能定位不清，缺乏统一的行业指导规划，存在同质化竞争现象。其次，数据交易机构设置不够集中，交易规则的碎片化、数据格式不统一等问题较为突出，地域、行业之间存在壁垒。最后，数据交易机构目前尚未建立充满信任的交易环境，加之合规交易成本高，双方的交易意愿和积极性较低。

5. 数据要素市场化机制不健全

（1）低信任、高风险困境。

我国数据要素市场仍处于初期发展阶段，信任度低和高风险问题降低了供求双方参与数据交易的积极性，影响了市场的稳定性和活力。如何提升市场信任度和稳定性，激活数据要素市场化循环体系是关键。

（2）供给方市场能力不足。

尽管数据资源丰富，但高质量数据资源短缺。公共数据开放程度不足，部分数据持有者缺乏动力、不敢开放或缺乏技术能力。企业供给数据能力有限，数商生态不完善，无法有效将原始数据转化为有价值的商业资源。

（3）需求方市场能力不足。

许多企业处于数字化转型初期，对数据要素的需求不明确，消费数据能力不足。供给市场无法提供满足个性化需求的产品和服务，影响供需双方建立稳定的业务关系，进一步限制了数据要素市场的发展。

1.2 “数据要素×”的理论基础

随着大数据、云计算、物联网等技术的进步，数据要素已成为经济增长的重要引擎。合理利用和管理数据要素，不仅能够推动产业创新升级，还为社会经济可持续发展注入新活力。

“数据要素×”并不是单一的“+”赋能，而是能够发挥乘数效应。“数据要素×”使得数据融入生产、分配、流通、消费和社会服务管理等各环节，通过与不同要素结合，作用于不同主体，发挥协同、复用和融合作用，对其他生产要素、服务效能和经济发展产生扩张效应。为了更好地研究“数据要素×”与重大战略之间的关系，本节将从“数据要素×”与数据市场改革、“数据要素×”与数字经济、“数据要素×”与未来高质量发展、“数据要素×”与新质生产力、“数据要素×”与经济社会发展这五个方面来阐释“数据要素×”的理论研究。

1.2.1 “数据要素×”与数据市场改革

1. “数据要素×”能够更好地利用和管理数据要素

在第二届数字政府建设峰会开幕式上，国家数据局局长刘烈宏表示，国家数据局将大力推动公共数据资源开发利用，加快数据市场化配置改革。国家数据局的重点工作包括落实产权分置制度，明确公共数据授权运营的合规政策和管理要求，厘清数据供给、使用、管理的权责义务，探索公共数据产品和服务的价格形成机制，让公共数据“供得出”。

“数据要素×”的提出是为了更好地利用和管理数据要素，为了充分发挥数据要素的价值，需构建一套全面而系统的制度体系。这一体系应涵盖数据要素的权属界定、价值评估、市场交易及收益分配等方面。通过明确数据要素的权属制度，能够确保数据的安全性和合法使用；通过科学的评估制度，可以准确衡量数据的价值，为数据交易提供有力支撑；通过建立规范的交易制度，能够促进数据的流通与共享，实现数据的高效利用；通过制定合理的收益分配制度，能够激发数据要素的创造力和活力，推动数字经济持续健康发展，这也是数据市场改革的核心内容。

2. “数据要素×”让数据要素高速流动

“数据要素×”通过构建高效的数据基础设施、实施隐私计算技术和区块链应用，促进数据要素的高速流动。高效的数据基础设施包括发展数据空间和高速数据网，以确保数据的安全传输和可信存储。隐私计算技术（如匿名化处理、联邦学习和多方安全计算）能够在保护数据隐私的前提下实现数据的安全共享与协同计算。区块链技术则提供了数据流通的透明性和可追溯性，增强了数据利用的可信度和可控性。这些措施共同推动了数据要素的高效流动和合理配置，从而最大限度地释放数据生产力，服务于经济社会的高质量发展。

3. “数据要素×”保证数据要素的安全性

“数据要素×”在保障数据要素安全性方面，需综合采取技术、管理和法律等多方面措施，构建全面的安全保障体系。首先，通过引入先进的安全技术（如多方安全计算、隐私计算和区块链技术），确保数据在传输、存储和使用过程中的安全性。其次，建立完善的数据安全管理制度，明确数据的权责划分和操作规范，确保数据的合规使用。最后，制定和落实相关法律法规，加强数据安全监管和执法力度，保障数据隐私和所有权。综合以上措施，能够有效应对数据安全威胁，确保数据要素在数字经济发展中的安全可控，促进其高效利用和健康发展。

4. “数据要素×”强调数据要素的协同发展

为助力民营经济发展数字产业，进一步激发数字经济市场活力，放宽多个重点领域的市场准入，明确重点敏感行业和非敏感行业的区分管理，完善相关法律法规，以负面清单管理和法治化为基础促进民营企业大胆投资。

“数据要素×”在强调数据要素协同发展方面，主张通过多维度、多层次的合作机制，构建开放创新的生态系统。一方面，推动公共和私人数据资源的共享和互通，打破“数据孤岛”，促进数据要素在各产业间的流动和协作；另一方面，完善法律法规和政策支持，明确数据合作的标准和规范，保障各方权益，激励企业和机构积极参与数据协同创新。此外，鼓励跨行业、跨领域的数据融合应用，通过数据要素的整合和再利用，挖掘其潜在价值，推动技术进步和产业升级。通过这些措施，“数据要素×”能够释放数据要素的最大潜能，促进数字经济的整体发展和繁荣。

1.2.2 “数据要素×”与数字经济

1. 数据要素是数字经济的基础资源

数据要素是数字经济发展的“石油”，在“数据二十条”等政策驱动下，数据要素的挖掘、储存、确权、交易、应用等环节不断完善，数据要素的价值和应用潜力有望加速释放。在数字经济时代，数据被视为重要的生产资料，对提高全要素生产率的乘数效应作用日益凸显。从数字经济的“四化”框架来看，数字经济产业链的上层对应着数据价值化及数字产业化中的基础电信部分（数字经济的基础设施，包括软硬件等）。作为整个数字经济产业链的核心，数据要素是数字经济产业链循环的基础，而包含数字经济基础设施在内的信息技术应用创新产业则是推动产业链数字化程度不断提升的关键所在，两者是构建数字经济上层基础的关键。数据要素的提出是党中央精准把握产业变革规律作出的重大战略决策，开启了高质量推进数字中国建设的新征程。

2. 数据要素是推动数字经济发展的关键动力

数据作为一种新的生产要素，为发展注入了强大的新动能。它在推动生产方式变革中扮演着举足轻重的角色。充分利用数据要素，可以深刻促进数字技术与实体经济的融合，为经济发展开拓新的增长点。具体来说，以数据为核心，推进数字化工业化和产业数字化进程，不仅有助于加强数字技术与实体经济的融合，而且可以为经济和社会的健康发展提供持续的动力。此外，通过深入挖掘海量数据要素，大力发展数字化产业，能够进一步培育经济发展的新动力。更重要的是，数据与其他生产要素的有机结合，可以显著提高要素之间的匹配效率，从而刺激创新，提高生产的质量和效率。这一过程不仅充分挖掘了数据要素的潜力和价值，而且推动了国民经济整体质量和水平的提高。因此，重视和发挥数据要素的作用，促进数字技术与实体经济的深度融合，能为经济发展注入更多新的动力和活力。例如，数据要素可以推动农业科学化经营决策，辅助精细化农业生产全面展开；也可以推动制造业的转型升级，帮助制造业企业通过实时监测和数据分析，不断调整优化生产过程。

3. 数据要素是数字经济的重要组成部分

自党的十八大以来，党中央高度重视数字经济发展，并将其确立为国家战略的重要组成部分。近年来，我国数字经济领域的新业态和新模式（如网购、移动支付及共享经济等），均呈现出蓬勃发展的态势，已然走在世界前列。作为数字经济深入发展的关键驱动力，数据要素的重要性日益凸显。随着信息技术的飞速发展和与人类社会生产生活的深度融合，全球数据呈现爆炸式增长和大规模融合的趋势，其中蕴含着丰富的经济价值和社会价值。习近平总书记深刻指出“构建以数据为关键要素的数字经济”“做大做强数字经济、拓展经济发展新空间”[①]。这一重要论述，不仅强调了数据作为新的生产要素的重要地位，也为推动数字经济的未来发展指明了方向。通过充分发挥数据要素的潜能，并将其与其他生产要素进行有机融合，可以显著提升各生产要素之间的匹配效率，进而激发创新活力。这种融合不仅能提升生产的质量和效益，更能推动国民经济整体质量和水平实现质的飞跃。因此，我们应当深入挖掘数据要素的价值，加强其在数字经济发展中的应用，为经济社会持续健康发展提供有力支撑。因此，应当充分发挥数据要素的潜力，为数字经济的未来发展提供有力支撑。

“数据要素×”与数字经济之间的关系可以说是相辅相成、相互促进的。“数据要素×”的发展推动了数字经济的繁荣，而数字经济的繁荣也为“数据要素×”的发展提供了广阔的空间。

1.2.3　“数据要素×”与未来高质量发展

1. 赋能实体经济发展

作为关键生产要素，数据正日益显现其重要性，引领新经济的发展潮流。数字经济覆盖范围广、渗透力强，能够深度融合各行各业。大数据、云计算、互联网和人工智能等技术的应用，推动了数字经济的蓬勃发展，提升了生产效率，催生新业态和新模式，为经济发展注入新活力。这些技术能够帮助企业进行数字化转型，通过数据分析和预测，企业能够更好地了解市场和消费者，优化供应链，减少库存和运输成本，提高生产效率，实现资源的优化配置和经济效益的提升。

2. 推动数字经济创新发展

“数据要素×”行动是推动数字经济创新发展的重要引擎。数字经济以数据为核心要素，以数字技术为支撑，以创新为驱动，旨在提高经济发展效率和质量，改善人民生活和完善社会治理。数据的广泛应用能够促进各行各业

---

① 资料来源：习近平总书记 2021 年 10 月 18 日在十九届中央政治局第三十四次集体学习时的讲话。

的创新，包括科技创新、产品创新和商业模式创新。通过深入的数据分析，企业可以发现新的市场机会，开发符合用户需求的新产品和服务，加速创新步伐。数据的共享和连接促进了科技的交叉融合，加快了创新的速度和质量，推动形成新质生产力。“数据要素×”行动以数据为关键要素，推动数字技术和产业体系的创新升级，培育数据驱动的新业态、新模式和新动能，拓展数字经济的发展空间。

3. 服务高质量发展

“数据要素×”行动是服务高质量发展的重要支撑。高质量发展是我国新发展阶段的主题和新发展理念的要求。通过数据分析和预测，为用户提供更精确的个性化服务，使服务具有针对性和创新性。“数据要素×”行动以数据为关键要素，以数据流为引领，目标是放大、叠加和倍增数据要素的作用，优化资源配置，提高生产效率，创造价值增量，催生新产业和新模式，推动生产生活方式、经济发展方式和社会治理模式的深刻变革，为推动高质量发展和推进中国式现代化提供有力支撑。

1.2.4 “数据要素×”与新质生产力

新质生产力在创新中发挥主导作用，摆脱传统经济增长方式和生产力发展路径，具备高科技、高效能、高质量的特征，符合新发展理念的先进生产力质态。其形成基于技术革命性进展、生产要素的创新性调配以及产业的深度转型升级。其基本内涵涵盖劳动者素质的提升、劳动资料的现代化改造、劳动对象的扩展与优化组合的进步。而全要素生产率的大幅提升，则是新质生产力显著的核心标志，彰显出经济增长的质量与效率的提升。新质生产力的特点在于创新，关键在于质优，本质上是先进生产力。“数据要素×”与新质生产力的结构框图如图 1.1 所示。

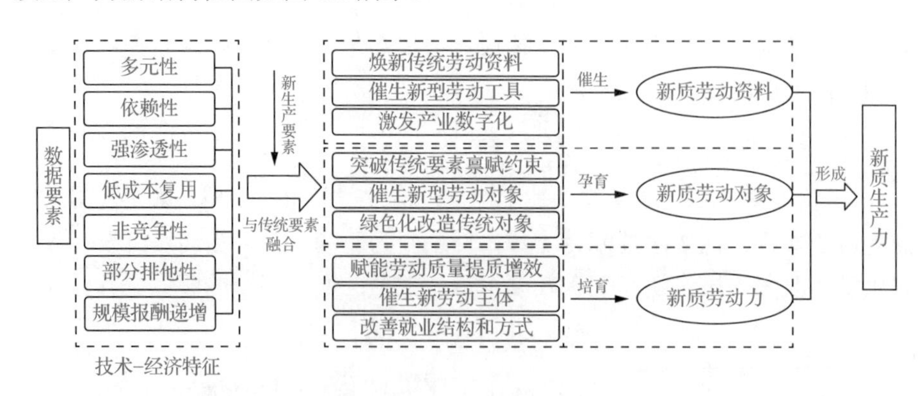

图 1.1 “数据要素×”与新质生产力的结构框图

1. 数据要素催生新质劳动资料

数据要素以其强渗透性、低成本复用和非竞争性等特性，深度融入生产生活全链条，有效改进要素比例和配置方式，驱动资源合理有效配置，激发产业数字化，助推生产力的整体跃迁。首先，数据和数字平台作为数字经济的新型生产工具，基于经济主体数据化互动，能贯穿链式生产和决策的全流程，以“数据化之手”驱动资源要素序列的整体重置，优化资源配置，提高劳动资料使用效率，优化生产要素组合结构。其次，数据要素与数智技术的交互，在颠覆传统机械为主的生产工具的规模化扩张和全景式应用中发挥作用，促进传统设备和制造工艺的数智化改造升级，同时解构、重组原有的研发设计、生产组装等环节，推动企业从“串行生产”的线性分工向“并行制造”的网络化分工的转型，激发架构创新和模块化生产，不断更新劳动工具和生产模式。最后，数据资源及集成平台作为支撑创新活动的核心要素，能催生数字网络通信技术、高端智能设备等新型劳动工具，激发企业生产和运作模式的创新及数智化、绿色化变革，延伸传统产业链，推动产业转型升级。

2. 数据要素孕育新质劳动对象

数据作为新生产要素，在推动数字产业化和产业数字化的过程中，不仅是新质劳动对象的一部分，还促使传统劳动对象突破过去的物质性，成为更符合高质量发展要求的新质生产要素。一方面，作为新型劳动对象的“数据”参与到物质生产和价值创造中，通过多场景应用和多主体复用，突破并重构传统的生产时空，创造多样化的价值增量，催生数字化新领域，拓展经济增长新空间。数据要素商业化开发与市场化交易活动形成数据服务、数据产品和数据应用等新兴数字业态，推动数字化商业模式、产业形态和体制机制的协同创新。另一方面，数据要素的嵌入使得劳动对象逐步升级为“自然物＋人造自然物＋虚拟的数字符号物”，呈现数智化特征；高新技术基于数据要素的支撑，对传统劳动对象进行绿色化改造，创新绿色合成材料，加速新能源的发掘及其对传统能源的替代使用，催生绿色新业态，形成绿色低碳的现代化产业体系。数据要素还重构了竞争优势，使传统资源禀赋逐渐被数字智能优势替代，区域发展核心竞争力由资源禀赋和产品生产力向创新效率和数智生产力转变，导致技术创新和智能制造的空间分布变化，形成以创新集群为核心的新增长极。

3. 数据要素培育新质劳动力

数据要素结合数智技术，通过渗透融合劳动力要素，显著提高传统劳动力的质量和生产潜能，提升劳动生产率，倒逼劳动力结构向高级化发展。首先，数据要素与劳动力要素协同，激发劳动者数据思维，提升数字化的劳动技能，提高劳动边际产出和内涵再生产水平。相较于传统简单劳动，数据要素驱动下的劳动表现出更富创造性和高级性的复杂劳动特征，能在同等劳动时间内推动更大规模的物质要素运行，显著提升劳动生产率，促进生产力“质”的提升。其次，数据要素的渗透使数字经济时代下的生产力要素主体突破“人”的边界，扩展为人与人工智能相结合的现实与虚拟双劳动主体，催生新型劳动者。以数据要素为基础的人机协同能突破人的认知局限，拓展知识边界，创造新的组织学习方式，大幅促进劳动效率和质量的提升。同时，数据要素还催生“零工经济”模式下的新型自由职业者，拓展劳动主体边界。最后，数据要素对劳动力就业产生正向和负向的叠加效应，对抽象和复杂劳动产生正向互补，对常规和简单劳动产生负向替代。同时，数据依托数字平台高效匹配劳动力资源，衍生高附加值就业形式，提升劳动技能整体属性，推动劳动力结构向高级化发展。

1.2.5 “数据要素×”与经济社会发展

数据要素的乘数效应旨在推动经济社会发展。“数据要素×”行动通过数据在多元场景中的广泛应用，优化资源配置，催生新兴产业和模式，为经济发展注入新动能，实现倍增效应。其特征体现在三个层面。首先，从连接到协同的演进。“数据要素×”追求基于数据高效应用的全局优化，提升全要素生产率。通过深入挖掘数据价值，优化资源配置，找到在资源约束下的“最优解”。其次，从简单使用到复用增值的跨越。“数据要素×”注重行业间数据复用的价值创造，促进各行业知识深度融合，孕育创新产品与服务，开辟经济增长新路径。最后，从数据叠加到融合创新的转变。“数据要素×”通过对多来源、多类型数据的融合，推动知识跨领域流动，促进生产工具升级与创新，催生新产业与新模式，培育经济增长新动能。

1. 推动经济增长并创新经济模式

“数据要素×”通过协同优化、复用增效和融合创新，推动经济增长并创新经济模式。“数据要素×”通过数据的协同优化，实现全局最优，提升全要素生产率，优化资源配置，促进经济增长；通过数据的复用增效，实现数据的重复使用，提高数据质量和效能，突破产出极限，提升经济效率；通过数据的融合创新，实现多维组合，创造新信息和知识，创新经济模式，提升经济效益。“数据要素×”的乘数效应通过协同优化、复用增效和融合创新得以实现，拓展了“互联网+”的深度和广度。不同主体数据与其他要素协同，提高投入产出效率，优化资源配置。例如，平台企业通过数据协同，实现智能制造和网络化协同。

2. 促进经济社会价值发展

“数据要素×”的高效利用，能够显著提升经济社会的运行效率、管理效率和服务效率，有效减少成本、降低风险并减少浪费，从而增强效益、提高质量并推动可持续发展。同时，“数据要素×”的有效应用，还能释放潜在价值，创造经济和社会的附加值，进而整体提升社会福祉和发展水平。

此外，数据要素的经济价值可以通过市场化交易实现，创造出可观的收益和利润，进一步增加资产和财富。其社会价值则通过公共服务项目得以实现，带来显著的效益和公益，从而提升社会影响力和贡献度。在生态价值方面，数据要素的应用促进了绿色低碳发展，创造了节能和环保效益，进一步提升了可持续性。

3. 培育经济社会创新

“数据要素×”通过智能化分析，深入挖掘数据的深层含义，发现新的、有价值的知识，从而提升创新和领先水平。通过产品创新，可以实现新型应用，创造出新的产品和服务，进一步提升多样性与个性化。通过机制创新，能够推动新型治理，制定新的规则和制度，从而提升公平性和透明度。通过制度创新，可以促进新的发展，形成新的文化与理念，进而增强包容性与创造力。

1.3 “数据要素×”的研究思路

依据现在国内“数据要素×”的发展现状与未来面临的挑战，深入研究“数据元素×”在数字经济发展中的关键作用，有助于充分发挥我国的优势资源，推动数字经济高质量发展，提高数据资源开发利用效率，促进经济转型升级。本书旨在探讨“数据要素×”的概念、作用，以及在不同行业中的应用和发展。本书将从三个维度探讨“数据要素×”，分别是理论维度、实践维度及未来展望的维度。

从理论维度来看，本书系统阐述了数据要素的基本原理，信息、数据、数据资源、数据要素的定义和特征，“数据要素×”对经济社会发展的作用机制，即“数据要素×”如何助推经济社会发展，以及“数据要素×”与高质量发展、数字经济、数据要素市场改革及数据要素价值化的关系。这一理论框架为“数据要素×”的研究提供了坚实的基础，有助于深入探讨“数据要素×”在数字经济时代的重要性和作用。

从实践维度来看，本书围绕“数据要素×”的发展历程进行了系统梳理，包括中央政策、地方政策以及最新政策的演变。例如，在地方政府探索典型案例部分将重点放在各地区的试点情况上，展示不同地区在“数据要素×”方面的探索与实践。通过案例分析，揭示了“数据要素×”发展的历史脉络和实践进展，为今后的研究提供经验借鉴。

从未来展望的维度来看，本书对“数据要素×”的未来发展趋势进行了展望，包括数字与实体深度融合、政府企业数字化转型、经济增长新空间培育等方面。提出了中央政府、地方政府、行业和企业应采取的措施与建议，以应对未来发展中可能出现的挑战。

1.4 本章小结

当前我国数字经济蓬勃发展，但面对瞬息万变的国际形势，想要保证经济持续稳定上升既需要短期的政策指导，也需要长期的技术支持。中国作为数据大国，有着巨大的发展前景，要以重点行业和应用场景为先导，加快数据要素赋能实体经济。数据要素需要通过市场化释放价值，在实践过程中，存在许多需要改进的地方。

总体来看，数据要素是数字经济发展的核心生产要素。近年来，数据要素对我国 GDP 增长的贡献率逐年上升。建设全国统一的数据要素市场，发挥数据要素的乘数效应，是推动我国数字经济繁荣发展，为其他实体产业提供动能的必然路径。在当今这个大数据时代，“数据要素×”作为数据处理和分析的核心组成部分，发挥着重要的作用。它不仅关乎数据的质量和处理效率，更直接影响到最终结果的准确性和可靠性。因此，深入理解“数据要素×”的原理和思路，对于提升数据分析和应用的效果具有重大意义。

第 2 章

数据要素 × 工业制造

工业制造是现代经济发展的基石，对于国家竞争力和经济发展都具有极其重要的意义。进入新时代，其发展也将进入新阶段。本章将从数据要素的角度介绍工业制造目前的发展情况、相关政策、发展难点，以及数据要素如何赋能工业制造的发展，并在此基础上通过经典案例展示数据要素的强大作用，最后总结经验，以期未来数据要素能在工业制造领域发挥更大的价值。

2.1 工业制造发展情况与政策介绍

要想了解数据要素在工业制造中的具体作用，需要对工业制造本身有一个较为宏观的印象，本节将对工业制造的定义、发展情况及相关政策进行详细介绍。

2.1.1 工业制造的定义

工业制造是指通过物理或化学变化将原材料转化为可用于销售的产品的行业。工业制造是国民经济的重要支柱，涵盖了众多领域，如机械、电子、化工、汽车、航空航天等。工业制造的核心是生产，包括产品设计、原料采购、工艺流程、质量控制、产品销售等环节。企业需要掌握先进的生产技术，拥有适宜的生产设备，才能确保产品质量。工业制造还涉及供应链管理、物流运输、市场营销等方面。

2.1.2 我国工业制造发展情况

作为全球最大的工业制造国家，我国近年来在工业制造发展上取得了显著的成就。随着国家政策的引导、技术的不断创新及市场的日益扩大，我国的工业制造呈现出蓬勃的生机和活力。

2022 年，我国工业增加值突破 40 万亿元大关，占国内生产总值的比重达 33.2%。2022 年我国制造业规模持续领跑全球，已连续 13 年稳居世界首位。此外，规模以上工业企业的数量也实现了显著增长，从 2012 年的 34.4 万家稳步提升至 2022 年的 45.1 万家，展现了我国工业制造的强劲发展势头。

我国工业制造的发展逐渐呈现出智能化、高端化、可持续化、合作与共赢四大特点。

（1）重视技术创新与智能化发展。

技术创新是我国工业制造发展的核心驱动力。近年来，随着数据要素的广泛应用，我国制造业正加速向数字化转型。工业互联网、大数据、智能制造、云计算等技术的应用，赋能生产过程，呈现出更加高效、精准和灵活的特点。例如，我国已经建成了超过 1.2 万个数字化车间和智能工厂，生产效率在智能化改造的过程中得到极大的改善。

（2）产业结构不断优化与高端化发展。

我国工业制造正逐步向高端化、绿色化、服务化方向发展。随着全球产业链、供应链的深度融合，制造业的分工更加细化，产业链上下游的协作更加紧密。同时，随着消费者需求变得多样化和个性化，制造业正逐步向服务型制造转型，提供定制化、个性化的产品和服务。

（3）通过绿色制造促进可持续发展。

绿色制造和可持续发展是我国工业制造的发展趋势。随着人们环保意识的日益增强，企业纷纷加大环保投入，推动绿色技术创新。例如，许多制造业企业已经实施了清洁生产、循环经济等环保措施，有效降低了能耗和污染物排放。政府也出台了一系列政策，支持制造业向绿色和可持续化方向发展。

（4）重视提升国际竞争力与促进合作共赢。

我国工业制造的国际竞争力日益增强，这得益于技术的持续进步和产业的深度升级。在创新驱动下，我国工业制造不断实现转型升级，提升了在全球市场中的竞争力。同时，我国也积极参与国际产业合作，与全球各国共同推动制造业的发展和创新。

2.1.3　工业制造相关政策梳理

我国的工业制造取得上述发展成就离不开政府的支持。近年来，我国政府出台了一系列相关政策，以引导、扶持和规范制造业发展。下面将按照时间顺序从中央层面和地方层面对我国政府出台的关于工业制造的政策进行详细介绍。

1. 中央层面

2015 年，国务院印发《中国制造 2025》，这是我国实施制造强国战略第一个十年的行动纲领，其核心目标在于借助技术创新、产业升级和绿色发展等手段，促使我国的制造业向更高层次的智能化、绿色化和高端化迈进。《中国制造 2025》详细勾勒出了九大战略任务和重点方向，涵盖了提高国家制造业创新能力、推进信息化与工业化深度融合、强化工业基础能力、加强质量品牌建设、全面推行绿色制造、大力推动重点领域突破发展、深入推进制造业结构调整、积极发展服务型制造和生产性服务业、提高制造业国际化发展水平多个方面。《中国制造 2025》的推出为我国制造业的可持续发展注入了新的活力，并推动我国制造业在全球竞争中取得更大的优势。

2017 年，针对“互联网＋先进制造业”的发展，国务院印发了《关于深化“互联网＋先进制造业”发展工业互联网的指导意见》。该意见的核心目标在于通过深化融合互联网和先进制造业，推动工业互联网的创新与进步，进而促进制造业实现数字化转型、网络化协同、智能化升级及服务化延伸。该意见明确了七个主要任务，包括夯实网络基础、打造平台体系、加强产业支撑、促进融合应用、完善生态体系、强化安全保障、推动开放合作。该意见为我国制造业的转型升级提供有力支撑，推动我国制造业向更高层次发展。

2021 年，工业和信息化部等十部门联合发布了《关于促进制造业有序转移的指导意见》。该意见的主要目标是通过优化制造业的区域布局，推动制造业的有序转移，以实现区域之间的协调发展。为了实现这一目标，该意见提出了推进产业国内梯度转移、引导各地发挥比较优势承接产业转移、鼓励特殊类型地区承接发展特色产业、推动中心城市和城市群高质量承接产业转移、促进产业转移国际合作、创新产业转移合作模式、完善支持产业转移的体制机制、优化产业转移政策环境的指导措施。该意见为我国制造业的健康发展提供有效指导，推动我国制造业实现更加均衡和可持续的发展。

2024 年，工业和信息化部等七部门联合发布了《工业和信息化部等七部门关于加快推动制造业绿色化发展的指导意见》。该意见针对制造业的绿色化发展提出了明确的目标，涵盖了到 2030 年和到 2035 年的具体目标。该意见提出从四个方面入手强化绿色制造业的发展，促进绿色服务业的壮大，加强绿色能源产业和绿色低碳产业及供应链的建设，包括加快传统产业绿色低碳转型升级、推动新兴产业绿色低碳高起点发展、培育制造业绿色融合新业态、提升制造业绿色发展基础能力。此外，该意见还提出了一系列具体措施，如完成 500 项以上碳达峰急需标准制修订、创建“零碳”工厂等，以推动制造业绿色化发展的全面进步。

2. 地方层面

2023 年 1 月，浙江省发布了《浙江省“415X”先进制造业集群建设行动方案（2023—2027 年）》，聚焦于新一代信息技术、高端装备、现代消费与健康、绿色石化与新材料四大产业领域，同时涉及集成电路、数字安防与网络通信等 15 个省级特色产业集群和一批高成长性“新星”产业集群。该行动方案通过实施创新驱动、产业链协同、数字化改造及绿色制造等战略措施，旨在提升产业集群的核心竞争力并增强其可持续发展能力。这一行动方案不仅为浙江省的制造业转型升级提供坚实支撑，同时也对全国制造业的转型发展产生积极影响。

2023 年 7 月，江苏省发布了《加快建设制造强省行动方案》，旨在加快建设制造强省的步伐。该行动方案制定了世界级集群的标准体系，并针对不同集群制定了具体的培育实施方案。其目标是重点打造 9 个万亿级集群和 7 个超 5000 亿集群，推动更多优势产业集群向世界级集群迈进；到 2030 年，计划形成约 10 个综合实力达到国际先进水平的先进制造业集群。

2023 年 8 月，北京市发布了《关于进一步推动首都高质量发展取得新突破的行动方案（2023—2025 年）》。该行动方案强调实施关键核心技术攻坚战行动计划，聚焦新一代信息技术、医药健康、新材料、新能源、智能网联汽车等领域，突破一批“卡脖子”技术。

综上所述，近年来，我国从中央到地方都十分重视工业制造的发展，发布了一系列政策措施推动制造业的创新发展、绿色发展、智能化发展和服务化发展，这些政策的实施，将为我国工业制造的发展注入新的活力和动力。

2.2　工业制造目前发展难点

近年来，尽管我国工业制造得到了政府的大力支持，取得了长足的进步，但仍面临一系列的发展难点。本节将从宏观和微观两个层面，结合相关数据，深入分析当前我国工业制造的发展难点。

2.2.1　宏观层面发展难点

1. 产业结构不够优化

尽管我国工业制造总体规模庞大，但产业结构不够优化。高附加值、高技术含量的制造业比重相对较低，传统制造业的比重较高。这种结构不仅限制了制造业的盈利能力，还使我国在全球产业链中处于中低端位置。根据相关数据，当前我国高端制造业在整体制造业增加值中的占比不足 15%，这一比例相较于发达国家明显偏低。

2. 创新能力有待加强

我国制造业目前的创新能力还有待加强。关键核心技术自主性不强的情况仍然存在，研发投入不足、创新体系不完善等问题制约了我国制造业的创新发展。数据显示，我国制造业研发强度（研发投入占主营业务收入比重）仅为 1.3%左右，远低于发达国家。随着国际贸易竞争越来越激烈，我国高端制造业相关产业链与核心技术短板的问题日益凸显，主要表现为有的产业产品，从材料、设备到技术均依赖进口，基础系统软件开发能力较弱等。例如，2013—2022 年，被誉为“现代工业的粮食”的集成电路，其进口额长期超过原油，且连续 10 年位居我国主要进口商品榜首。根据工业和信息化部 2018 年对三十多家大型企业涉及的一百三十多种关键基础材料的调研结果来看，情况不容乐观。具体而言，有 32%的关键材料在我国仍属空白领域，52%的关键材料则高度依赖进口。更为严峻的是，高档数控机床、高档装备仪器等关键精加工生产线上，超过 95%的制造及检测设备都需要从国外进口。这些数据清晰地表明，我国当前的创新能力与产业链尚不足以支撑制造业实现高质量发展，特别是在某些关键环节，我们仍然面临着“受制于人”的风险，容易被人“卡脖子”。因此，迫切需要改变我国制造业的发展现状，提升自主创新能力，优化产业链布局，实现制造业的转型升级。

3. 数字化和智能化正在起步向前推进，但转型的深度与广度有待进一步加强

在深度上，许多企业的数字化和智能化水平仍然停留在初级阶段，主要集中在生产设备的自动化和简单信息管理上。对于深度数据分析、智能决策支持等高级应用，大多数企业仍处于探索阶段。这主要受限于企业的技术实力、资金投入及人才培养等方面的不足。在广度上，数字化和智能化转型尚未覆盖所有工业制造领域。尽管一些先进制造业领域已经取得了显著进展，但传统制造业领域仍然存在较大的转型难度。这些领域的企业往往面临着更为复杂的生产流程、更高的技术门槛及更大的市场不确定性，导致转型进程相对缓慢；同时，数字化和智能化转型还需要克服一系列技术和非技术障碍，如数据安全、网络安全、知识产权保护等问题

4. 国际竞争日益激烈

全球制造业的角逐愈发激烈，这使得我国工业制造不仅面临着来自发达国家的竞争压力，同时也承受着来自发展中国家的挑战。发达国家在技术、品牌、市场等方面具有明显优势，而发展中国家则凭借低成本优势在低端市场与我国展开激烈竞争。这种国际竞争环境给我国制造业带来了巨大的挑战。

2.2.2　微观层面发展难点

1. 企业负担较重

我国制造业企业面临着较重的税费负担和融资成本压力。同时，企业还需要承担较高的社保缴费、用地成本等支出。这些负担使得企业难以投入更多的资金用于研发和创新，制约了制造业的发展。

2. 人才短缺问题突出

工业制造的发展离不开高素质人才的支持。然而，当前我国制造业领域的人才短缺问题十分突出。高端技术人才和管理人才供不应求，这直接影响了制造业的创新能力和竞争力。

3. 供应链管理风险加大

在全球化的背景下，供应链管理对于工业制造的发展至关重要。然而，近年来供应链风险不断加大，如供应链中断、价格波动、贸易壁垒等问题频繁出现。这些风险给制造业企业带来了巨大的经营压力和市场不确定性。

4. 消费者需求出现变化

随着消费者生活水平的不断提高，其需求展现出多样化和个性化的特点，市场需求的变动也愈发迅速。因此，企业需迅速调整生产规划及产品策略，以适应市场需求的快速变化。然而，由于制造业企业普遍存在产能过剩、库存压力大等问题，快速响应市场需求仍有难度。

2.3　数据要素赋能工业制造

1. 提高生产效率

通过发挥数据要素强大的信息提供能力，可以实现实时追踪和监控生产设备的运行状态与生产数据，进而实现生产过程的自动化和智能化。这种转变不仅大幅减少了人为因素的干扰，也显著增强了生产过程的稳定性，从而为企业带来更高的效益。此外，数字化技术能助力生产资源的优化配置。通过对生产数据的深入分析，企业能够更精准地把握市场需求与生产能力的匹配度，进而制订出更为合理的生产计划。这样不仅能有效避免生产资源的浪费，还能确保生产过程的连贯性与稳定性，从而进一步推动生产效率的提升。

2. 降低生产成本

一方面，企业通过利用数据要素实现生产过程的自动化和智能化，可以减少对人工的依赖，降低人力成本；另一方面，企业可以通过深入分析生产数据，实现对生产成本更为精准地控制。举例来说，分析设备运行数据能够揭示能耗较高的设备和环节，进而进行有针对性的节能改造，有效减少能源消耗。这种数据驱动的成本控制方式有助于企业实现更为高效和经济的生产运营。此外，数据要素在企业的精细化管理中发挥着不可或缺的作用，能够显著提升生产管理的效率。借助对生产数据的实时追踪与深入分析，企业能够迅速洞察生产环节中的潜在问题并及时处理，从而有效减少设备维修与更换的成本，实现更为高效和经济的生产管理。

3. 优化供应链管理

在工业制造中，供应链管理是一个复杂而关键的过程。数据要素与数字化技术的融合，为企业优化供应链管理提供了有力支持。借助大数据和人工智能技术，企业能够实时分析并预测供应链数据，进而更精准地把握市场需求与供应状况。这不仅增强了供应链管理的灵活性与响应速度，还有效降低了库存与物流成本，从而提升整体供应链的竞争力。

4. 促进绿色发展

数据要素的应用可以促进工业制造的绿色发展。

（1）企业通过对生产数据的深入剖析，能够更精准地掌握生产过程中的能耗与排放状况，进而制定出更具针对性的节能减排策略。

（2）基于数据要素的数字化技术，企业可实现生产过程的智能化控制，这不仅提高了生产效率与能源利用效率，还降低了对环境的负面影响。

（3）数字化技术还助力企业实现废弃物的回收与再利用，提升了资源利用效率，推动了循环经济的蓬勃发展。

5. 增强市场竞争力

（1）企业借助对市场数据和用户需求的深入分析，能更精准地捕捉市场脉搏与用户需求，从而精准地展开产品研发与创新工作。

（2）数字化技术为企业研发过程带来了数字化与智能化的变革，大幅提升了研发效率与准确性，有效缩短了产品研发周期。

（3）数字化技术推动了产品的智能化与个性化发展，增强了产品的附加值与市场竞争力，助力企业在激烈的市场竞争中脱颖而出。

2.3　具体案例展示

案例一：基于“大模型 + 智能代理”工业车辆智能化升级应用案例

1. 背景与挑战

针对工业车辆智能化领域数据要素汇聚、流通、应用的迫切需求，本案例依托深度整合的大模型与智能代理技术，旨在解决当前产业界面临的重大数据困境。这些困境包括但不限于数据品质低下、利用率受限、“数据孤岛”严重，以及行业特有模型与实战经验匮乏的问题。同时，严守数据安全规则下引发的数据交换壁垒也是本案例关注的重点之一。

当前工业车辆行业内存在着建模困难和经验传承不易的状况，这不仅限制了智能化发展的速度，也影响了技术的进步与应用的广泛性。为了应对这些挑战，本案例采用了具备垂直领域深度学习能力的专业大模型。这些模型不仅能够有效吸收、充实和转化成相应的专业知识结构，还能够有效处理数据安全和隐私保护等关键问题。

在确保数据保密性和个人隐私的前提下，本案例致力于打破数据隔离状态，实现安全可靠的数据资源共享与最大化利用。这一努力旨在推动工业车辆智能化领域的发展，为行业创新与应用提供坚实的技术支持和保障。

2. 数据要素解决方案

针对工业车辆智能化平台的感知和决策能力提升需求，本案例通过大数据和大模型技术，与国内知名叉车厂商合作，建设试点示范应用案例，以解锁数据要素的价值释放路径，并提升企业核心竞争力。

（1）数据共享与业务联动。

利用标准化的应用程序接口，实现与第三方合作伙伴的数据共享，建设数字化运维生态体系。通过大规模语言模型涵盖设备设计、运行、退役各阶段的管理与优化工作，支持企业整合设计、生产、运行数据，提升预测性维护和增值服务能力。

（2）智能运维平台建设与人工智能应用。

利用大数据分析技术对车辆数据进行全面分析，构建智能运维平台。智能运维平台提供全生命周期健康度评估、作业安全分析和使用成本分析等决策支持。预设故障分析模型实现远程故障判断、提醒和维修指南，显著提升用户体验和售后服务效率。基于云计算技术搭建信息管理平台，实现模块化管理和数字化跟踪。利用物联网技术实时收集车辆与设备运行数据，通过大数据分析工具进行深度挖掘和模式识别，优化服务路径。通过多模态人工智能技术应用，便于部署基于大规模语言模型的多模态人工智能客服助手，以处理复杂用户反馈，以及开发移动端多媒体故障反馈系统，以实现远程智能诊断。

3. 实际应用效果

基于大模型和智能代理的工业车辆智能化升级应用，通过物联网技术和大数据分析技术，显著提升了设备运行效率和经济效益。实时监测和预测性维护减少了停机时间，提升了设备利用率。自动化的工作流程和智能派工系统缩短了响应周期，提高了整体工作效率，降低了人工成本。通过数据分析可预知需求变化，合理规划备件库存，进一步降低成本。智能客服和售后服务助手可快速解决客户问题，提供个性化服务，提高客户满意度和忠诚度，透明化管理提升企业服务水平。整合多模态知识库和优化服务流程为企业创新提供数据基础和技术支持，方便企业不断迭代升级产品和服务，保持市场竞争力，助力企业扩大市场份额，增加收入。

案例二：格力电器的绿色能源数字化转型

1. 背景与挑战

格力电器是一家集研发、生产、销售、服务于一体的国际化家电企业，自创立以来以其卓越的技术创新和产品质量享誉世界。随着全球对可持续发展的日益关注，绿色能源已成为企业转型的核心议题。在此背景下，格力电器面临以下多重挑战。

（1）传统生产模式的限制。

长期以来，格力电器依赖传统的生产模式，这导致企业出现了设备老化、能耗高、效率低下等问题。这些问题不仅增加了运营成本，还严重制约了格力电器向绿色能源转型的步伐。

（2）技术研发与创新的挑战。

绿色能源技术的发展需要持续的技术研发和创新。然而，格力电器在这方面面临人才短缺和资金投入不足的困境，这限制了其在绿色能源领域的技术创新和发展。

（3）市场竞争的压力。

随着家电市场竞争的日益激烈，消费者对产品环保性能和能效的要求越来越高。格力电器必须在保证产品质量的同时，不断提高产品的环保性能和能效，以满足消费者的需求。

2. 数据要素解决方案

为应对上述挑战，格力电器决定实行数字化转型之路，为此采取了一系列关键策略。

（1）推动智能化生产线改造。

格力电器积极推动生产线的智能化改造，引入自动化生产线和智能控制系统。这些措施不仅提高了生产效率和产品质量，还显著降低了生产过程中的能耗和排放。

（2）加强技术研发与创新。

格力电器充分利用数字化转型的机遇，加强技术研发与创新。通过引入数据要素，企业能够更好地分析市场需求和技术趋势，制定更加科学的研发策略。同时，格力电器加大了对绿色能源技术研发的投入，吸引和培养更多的技术人才，确保企业在绿色能源领域的领先地位。

（3）构建全链路绿色低碳闭环体系。

为了实现全过程的绿色低碳发展，格力电器构建了从供应端到生产端、从消费端到回收端的全链路绿色低碳闭环体系。通过数据要素和数字化技术的结合应用，企业实现了各环节的数据共享和协同，确保产品在全生命周期内都符合绿色低碳的要求。这不仅有助于降低企业的能耗和排放，还为消费者提供了更加优质、环保的产品。

3. 实际应用效果

（1）提升生产效率和产品质量。

数字化转型显著提升了格力电器的生产效率，智能化生产线的引入使其生产过程更加精确和高效，降低了人为因素对产品质量的影响。同时，数据要素和数字化技术使格力电器能够实时监控生产过程，及时发现并解决问题，确保产品质量的稳定性和可靠性。

（2）降低能耗和排放。

通过智能化设备和实时监控技术，格力电器成功降低了生产过程中的能耗和排放。例如，智能化生产线能够使设备在最佳状态下运行，减少了资源浪费。数字化技术使得格力电器能够实时监控设备的运行状态和能耗情况，及时对设备进行调整和优化，进一步降低了能耗和排放。

（3）增强市场竞争力。

通过对市场大数据的分析，格力电器生产的绿色能源产品更加符合市场需求和消费者期望。优质、环保的产品和服务赢得了消费者的信任和认可，提升了企业的市场竞争力。同时，数字化技术使得格力电器能够更加灵活地应对市场变化和挑战，为企业的发展提供了有力保障。例如，格力电器在2023年上半年绿色能源业务实现了51.32%的同比增长，显示出其在绿色能源领域的强劲发展势头。

案例三：京信通信的天线产品质量检测周期优化

1. 背景与挑战

在京信通信的生产过程中，天线产品的质量检测是一个至关重要的环节。然而，这一环节却长期面临着一系列挑战，导致检测周期过长，进而影响了企业整体的生产效率和产品质量。首先，天线产品的测试点众多，每个点都需要进行严格的测试以确保产品质量。这些测试不仅包括基本的性能测试，还涉及复杂的环境适应性测试、兼容性测试等。每个测试点都需要投入大量的资源和时间，导致整个测试过程冗长。其次，传统的质量检测手段大多依赖人工操作和主观判断，这种方式不仅效率低下，而且极易受到人为因素（如操作人员的经验、技能水平等）的干扰，影响了检测结果的准确性。再次，各个测试点的测试价值并不相同，有些测试点的测试价值相对较低，但却占据了大量的测试时间和资源，这导致了测试资源的浪费，也拉长了测试周期。最后，随着市场的不断变化和客户需求的日益多样化，天线产品的种类和规格也在不断增加。

2. 数据要素解决方案

在利用数据要素的过程中，京信通信引入了阿里云ET工业大脑智能分析。阿里云ET工业大脑应用于天线质量检测领域，通过对测试点与天线质量结果进行建模分析，找出影响天线质量的关键测试点。首先，在对过往海量的测试数据进行深度挖掘和分析的基础上，结合专家的经验和知识，形成一套系统的操作原理，以确保分析结果的准确性和可靠性。然后，找出关键测试点并进行数据仿真，通过阿里云ET工业大脑的智能分析，京信通信成功地找出了影响天线质量的关键测试点。这些关键测试点不仅具有较高的测试价值，而且能够有效地反映天线产品的整体性能。最后，为了进一步验证这些关键测试点的准确性和有效性，京信通信还进行了数据仿真实验。通过模拟不同的测试条件和场景，验证了这些关键测试点对于天线质量的影响程度和敏感性。

3. 实际运用效果

从数据上看，通过智能分析和优化后的检测流程显著提高了天线产品的测试效率，使测试周期缩短了 50%；通过对关键测试点的数据仿真和分析，使企业能够更准确地预测和调整产品性能，减少调试过程中的反复修改，调试效率提高了 20%。

综上所述，智能分析和优化检测流程显著降低了产品测试周期和成本，提高了企业的生产效率和产品质量，保障了生产的连续性和稳定性，提升了企业竞争力和市场占有率。对关键测试点的数据仿真和分析帮助企业及时发现和解决潜在质量问题，避免了生产中断和损失，更好地满足了客户需求和响应市场变化。

2.4 本章小结

通过对案例的分析，可以发现，众多工业制造企业积极拥抱数字化浪潮，将数据要素和数字化技术全面引入生产的各个环节，并重视各环节之间、产业之间的相互联系。从目前的发展状况来看，数据驱动的决策制定已成为现代企业的标配。通过收集和分析生产、销售、供应链等多方面的数据，企业可以更加准确地了解产品性能和生产过程中的关键信息，从而作出更加明智的决策。这种决策优化不仅有助于提高企业的运营效率，还可以帮助企业抓住市场机遇，实现快速发展。数字化技术（如物联网、人工智能等）极大地提高了企业生产的自动化水平，不仅减少了人力成本，还提高了生产效率，降低了错误率，优化了资源分配。企业借助个性化生产和定制化服务，能够更精准地满足客户需求，提升客户体验，强化品牌形象和提高市场竞争力。同时，企业的创新能力显著增强，数据要素和数字化技术提供的丰富创新资源，帮助企业洞察市场机遇，并研发新产品与服务，实现持续创新。然而，数据要素和数字化在工业制造中也面临新的挑战，包括数据安全和隐私保护、技术与人才短缺以及高昂的投资和成本等问题。尽管如此，随着技术的不断进步和社会的深入参与，数据要素赋能工业制造的发展前景广阔，将在未来发挥更加关键的作用。

第 3 章

数据要素 × 现代农业

农业现代化的特征包括机械化、技术化、产业化、信息化、可持续化等多个维度。农业产业数据要素是农业现代化的重要内容之一，是农业产业化与数字要素的融合发展，是以数据为关键要素、以数据赋能的产业转型和再造过程，是数字要素赋能农业再生产的具体形式，其对农业信息化、产业化和技术化具有显著影响，能够有效推动农业现代化发展。

3.1 现代农业发展情况与政策介绍

3.1.1 现代农业发展情况

1. 现代农业产业体系发展现状

（1）农业产业功能多元化。

现代农业正在由传统物产农业向多功能农业延伸。2020 年，农业农村部印发《全国乡村产业发展规划（2020—2025 年）》，提到了乡村产业发展目标：到 2025 年农产品保障功能持续增强，粮食综合生产能力稳步提升，粮食产量保持在 1.3 万亿斤以上，农产品加工业与农业总产值比达到 2.8∶1，重要农产品供给能力稳步提升，农产品加工转化率达到 80%。乡村休闲旅游业融合发展，绿色生产生活方式广泛推行，文明乡风繁荣兴盛，乡村休闲旅游年接待游客人数 40 亿人次，年营业收入 1.2 万亿元。农村电商业态类型不断丰富，数字乡村加快建设，农民生产经营能力普遍增强，农业农村部明确提出到 2025 年，农产品网络零售额达到 1 万亿元，农林牧渔产业及辅助性活动产值达到 1 万亿元，新增乡村创业带头人 100 万人，带动一部分农民通过直播实现就业。农业的生态保护功能和文化传承功能有待拓展，继续向广度和深度进军。

（2）农业产业布局区域化。

我国农产品生产向优势区域集聚，长期以来形成的“大而全、小而全”农业生产格局逐渐被打破，主要农产品优质化、专用化、规模化趋势增强。通过充分挖掘和发挥区位优势，以新兴产业和特色产品为纽带，深化调整产业结构，集中培育主导产业，使产业布局向区域化集中。特色农产品区域布局初步形成，逐步转向“一城一产”，甚至“一村一产”的农业生产格局。2014 年，农业部印发《特色农产品区域布局规划（2013—2020 年）》，确定了重点发展 10 类 144 种特色农产品，结合《全国主体功能区规划》中

“七区二十三带”农业战略格局要求，规划了一批特色农产品的优势区，并细化到县。

2. 现代农业生产体系发展现状

（1）现代农业生产设施化与机械化水平提高。

农业设施化规模持续扩大，产能稳步提升，已成为城乡居民菜肉蛋奶等各类农产品供给的重要来源。2023 年，农业农村部等四部门联合印发了《全国现代设施农业建设规划（2023—2030 年）》，提出生产管理自动控制、新型水肥一体化、生物生长动态监测等设备加快普及，物联网、人工智能机器人等现代技术加速应用。2022 年以来，我国农作物耕种收综合机械化率超过 72%，小麦、玉米、水稻三大粮食作物耕种收综合机械化率分别超过 97%、90%和 85%。主要农作物初步实现了科学种田，确保粮食生产稳定增长。粮食连年丰收，党的十八大以来，我国粮食产量连续 9 年保持在 1.3 万亿斤以上。

（2）农业生产标准化程度加深。

2021 年，农业农村部从生产模式的视角提出了新的“三品一标”理念，即“品种培优、品质提升、品牌打造和标准化生产”。新的“三品一标”更加重视对生产流程的具体布局和规划，以标准化作为其核心框架，确保农业在生产前、生产中和生产后的每一个环节都被纳入标准生产和管理流程，重点关注优良种质的创新攻关，进一步促进产业提档升级。近年来，各地不断强化农产品品牌的培养和发展，实现品牌农产品的标准化生产；制定全面的作物空间和生产流程的标准，持续地推进农业标准体系的建立。

3. 现代农业经营体系发展现状

（1）新型农业经营主体建设不断加强。

一是农民专业合作社不断扩大，农民专业合作社数量增加，组织优势不断强化。截至 2023 年末，依法登记的农民专业合作社达 221.6 万家，农民专业合作社服务水平和能力显著提升，业务范围不断拓宽，覆盖农林牧渔各业，并向休闲农业、乡村旅游、民间工艺制作和服务业延伸，有 1.3 万家农民专业合作社进军休闲农业和乡村旅游；通过产业链条延伸，有 50%以上的农民专业合作社提供“产加销”一体化服务，27.8 万家农民专业合作社为小农户提供农业社会化服务。农民专业合作社之间的利益联结更为紧密，通过农民专业合作社带动劳动力转移就业。

二是家庭农场发展速度加快。截至2023年末，纳入全国家庭农场名录管理的家庭农场近 400 万个。家庭农场支持服务不断优化，中央财政扶持家庭农场资金逐年增加，重点支持家庭农场改善生产条件，应用先进技术，提升规模化、绿色化、标准化、集约化生产能力，建设清选包装、烘干等产地初加工设施，提高产品质量和市场竞争力。

三是农业产业化龙头企业带动能力提升。农业企业龙头数量呈上升趋势。截至2024年2月，我国共认定7批农业产业化国家重点龙头企业，共计1959家。党的十八大以来，龙头企业顺应农业供给侧结构性改革新形势，逐渐成为优质高端农产品供给的主力军。

（2）新型农业社会化服务体系逐步完善。

据统计，目前农业社会化服务面积覆盖19.7亿亩次，服务对象包括9100多万户小农户。其中，供销合作社系统成效显著。供销合作社是为农服务的综合性合作经济组织，集政策性引导、市场化经营和社会化服务功能于一体，逐渐发展成为服务农民生产生活的生力军和综合平台。近年来，供销合作社系统持续深化综合改革，探索发展多元化、多层次、多类型的农业社会化服务。2022年，供销合作社农业社会化服务规模达6.42亿亩次。2023年，中华全国供销合作总社累计安排合作发展基金1.06亿元，在31个省级社组织开展“绿色农资”升级试点工作，累计帮助320多万农户巩固拓展脱贫攻坚成果。全国农资网络覆盖面不断扩大，为农服务能力和水平持续提升。

3.1.2 现代企业政策介绍

在“十一五”规划中，我国提出大力推进现代农业建设。在“十二五”期间，现代农业建设取得明显进展。“十三五”之后，随着我国技术水平的进步，现代农业发展以提升“互联网＋”农业为主。“十三五”时期实施“互联网＋”现代农业行动，构建现代农业产业体系、生产体系、经营体系三大体系。在“十四五”规划中，提出加大现代农业战略部署，力争到2035年，乡村全面振兴取得决定性进展，农业农村现代化基本实现。

当前国家层面的现代农业行业政策主要以鼓励类为主，优化现代农业产业技术体系、支持民间投资参与等，均是对发展现代农业的有力政策支持。党的十八大以来，国家支持现代农业政策梳理见表3-1。

表3-1　国家支持现代农业政策梳理

发布时间	发布部门	政策名称	重点内容
2016年10月	国务院	《全国农业现代化规划（2016—2020年）》	确定了五方面发展任务，并围绕农业现代化的关键领域和薄弱环节提出了完善财政支农、创新金融支农、完善农业用地和健全农产品市场调控四方面重大政策，以及高标准农田建设、农村一二三产业融合发展等14项重大工程
2018年9月	中共中央、国务院	《乡村振兴战略规划（2018—2022年）》	在促进乡村产业兴旺方面，部署了一系列重要举措，构建现代农业产业体系、生产体系、经营体系，完善农业支持保护制度。同时，通过发展壮大乡村产业，激发农村创新创业活力
2019年1月	中共中央、国务院	《中共中央、国务院关于坚持农业农村优先发展做好“三农”工作的若干意见》	强化创新驱动发展，实施农业关键核心技术攻关行动，培育一批农业战略科技创新力量，推动生物种业、重型农机、智慧农业、绿色投入品等领域自主创新
2021年1月	中共中央、国务院	《中共中央、国务院关于全面推进乡村振兴加快农业农村现代化的意见》	确定了2021年及2025年现代农业发展的目标任务。实现巩固拓展脱贫攻坚成果同乡村振兴有效衔接，加快推进农业现代化，大力实施乡村建设行动等
2022年2月	农业农村部	《“十四五”全国农业农村信息化发展规划》	发展智慧农业，提升农业生产保障能力；推动全产业链数字化，提升农产品供给质量和效率；夯实大数据基础，提升农业农村管理决策效能；建设数字乡村，缩小城乡数字鸿沟；强化科技创新，提升农业农村信息化支撑能力

续表

发布时间	发布部门	政策名称	重点内容
2023年2月	农业农村部	《农业农村部关于落实党中央国务院2023年全面推进乡村振兴重点工作部署的实施意见》	抓紧抓好粮食和农业生产，确保粮食和重要农产品稳定安全供给；加强农业科技和装备支撑，奠定农业强国建设基础；持续巩固拓展脱贫攻坚成果，增强脱贫地区和脱贫群众内生发展动力；加强农业资源保护和环境治理，推进农业绿色全面转型；培育壮大乡村产业，拓宽农民增收致富渠道；改善乡村基础设施和公共服务，建设宜居宜业和美乡村；积极稳妥深化农村改革，激发农业农村发展活力；强化保障，落实落细全面推进乡村振兴各项任务
2023年12月	国家数据局等17个部门	《“数据要素×”三年行动计划（2024—2026年)》	提升农业生产数智化水平，支持农业生产经营主体和相关服务企业融合利用遥感、气象、土壤、农事作业、灾害、农作物病虫害、动物疫病、市场数据，加快打造以数据和模型为支撑的农业生产数智化场景，实现精准种植、精准养殖、精准捕捞等智慧农业作业方式，支撑提高粮食和重要农产品生产效率

3.2 现代农业目前发展难点

在农业数据要素方面，地方农业农村信息化建设缺乏顶层设计和统筹规划，大多数现有涉农系统独立运行，在农业农村体系内仍然存在系统分散、管理不集中、“数据孤岛”等现象。依托“天、空、地”一体化的监测手段，建立统一的农业大数据资源体系迫在眉睫。

3.2.1 农业生产体系发展难点

1. 农业生产机械化、智能化和规模化水平尚处于较低状态

农用机械方面存在总量不足与设施落后的问题。近 80%的设施种植业分

布在黄淮海、环渤海及长江中下游等粮食主产区。技术装备仍不配套，部分专用种养品种、精细化调控设备、重要数据管理软件依赖进口。规模化生产受限于分散经营主体，经营主体规模小、组织化程度较低。无论是从经营主体的规模结构看，还是从从业人数和耕地面积分布考量，小型农户都占据了主导地位，所占比例高达 70%。

2. 农业数据资源综合利用率低

（1）农业经营主体相对比较分散，生产各环节数据流通不畅，数据资源开发利用程度比较低。个体农户的农业数据实质上是“信息孤岛”。

（2）农业数据填报方式落后，数据质量参差不齐。各地农业数据仍然以传统人工填报方式进行数据上报，各地应用系统主要以全国、全省通用系统为主，大部分农业数据通过县区级上报且数据质量与内容有限，无法进行关联分析，未建立共享利用机制，未形成数据资产。

（3）农业数字化、智能化建设未能满足地域农业产业经济发展需求。虽然目前形成了部分数字农业应用场景，但仍缺少基于地区特色的实际业务应用在农业智慧化方向的场景探索，农业农村实际业务的智能化水平十分薄弱。农业物联网监测设施设备部署不完善，数据不能实时汇入地方大数据中心。

3. 农业科技成果应用进步缓慢

农业科技成果的应用具有显著的外部性特点。首先，小农户缺乏采用新技术、新品种的能力，实现科技进步需要更多依靠农业企业和社会化服务组织的引领带动。其次，农业技术转化率不高。据统计，自 2011 年以来，我国年均有5500余项/件农业科技成果被申请为专利，但其中仅有36.19%和41.94%的成果能够分别达到稳定应用状态和成熟应用状态。

4. 新一代信息技术引入与应用不充分

卫星遥感、人工智能、物联网等新技术的应用范围有限。现有农业产业基地建设没有一体化数智化技术应用，智能化生产管理与产业链衔接不紧密，农业产业示范效果有限。我国数字农业发展规模和投入规模与发达国家相比还有差距。当前我国的数字农业渗透率仅为 9.7%，而有的发达国家如美国、德国、韩国的数字农业渗透率分别为 29.9%、24.8%、17.4%。

3.2.2 农业经营体系发展难点

1. 农业社会化服务存在供需结构性矛盾

从需求看，由于农业经营实体的小型化、多样化和分散化，使得农业社会化服务在地理空间上很难实现整合。随着农业分工的进一步深化，农业社会化服务的增量需求呈现出差异化、集成化和智能化的特点。农业社会化服务市场化仍处于初级阶段。农业社会化服务仍集中在生产环节，农业社会化服务在销售、物流、金融、保险等全产业链服务方面缺乏支撑，难以满足快速变化和增长的多元化农业经营主体的农业社会化服务需求。从供给看，农业社会化服务面临着主体自身能力不足、本土化进程缓慢及供给结构不平衡等多重问题。农业社会化服务供给结构失衡体现在供给环节分布结构失衡、供给质量分布结构失衡和供给区域分布结构失衡。此外，公益性农业社会化服务能力较弱。很多公益性服务机构分属不同行业部门管理，力量比较分散，部门间协调难度大，难以形成合力。

2. 现代农业人才资源未能得到充分挖掘

当前我国各地数字环境差距较大，有的乡村信息技术滞后，互联网普及率低。信息使用差距体现在农村数字消费水平低，农业数据要素利用低下。因教育水平低、技能培训受限，专业化管理人员和技术人员相对缺乏，难以支撑农业数字化发展需要。与第二、第三产业相比，作为第一产业的农业普遍存在人才流失、专业人才缺乏、人员结构不平衡等问题。当前我国县、乡级专业站农技人员流失严重，导致一些行政村较多的省份，如山东省，每名农技人员负责的村庄数量达到 11.5 个左右。

3. 乡村治理体系不健全

乡村治理过程中缺少完整的数字化支撑体系，治理范围不足，存在组织内部发展不规范、质量不佳、农民参与度低等问题。乡村治理缺乏信息服务组织，管理模式粗犷，乡村信息服务上传下达手段单一，导致服务不畅通，信息服务长效运营机制缺位。

3.3 数据要素赋能现代农业

3.3.1 数据要素赋能农业生产体系

1. 提高农业生产智能化水平

一方面，数据要素为农业智能化提供了坚实的基础。通过整合大量的农业数据，包括土壤质量、气候条件、作物生长情况等，农业经营主体可以利用先进的数据分析技术，为农业生产提供精准的决策支持。例如，利用物联网设备实时收集农田环境数据，通过云计算和大数据分析，实现对农田环境的精准监测和调控，推进农业生产过程精细化管理，提升农业生产的智能化水平。另一方面，数据要素有助于实现农业产业链智能化。农业产业链涉及种植、养殖、加工、销售等多个环节，数据要素可以将这些环节紧密连接起来，实现产业链的智能化管理。例如，仓储物流系统与大田种植信息管理系统相结合，可使农产品信息随时进入流通数据库，并附着在商品二维码上，终端消费者和农业经营主体可通过手机查询农产品数据，管理自己的日常账目。通过对农业全产业链数据的整合和分析，农业经营主体可以优化资源配置，提高生产效率，降低成本，同时实现农产品质量的追溯和监管。

2. 提高农业生产风险控制力

数据要素助力全面整合农业情报信息，帮助农业经营主体有效规避农业生产的各种风险，增强农业应急能力，降低农业受灾成本。一方面，利用数据要素能提前预警自然灾害。通过大数据分析技术，农业经营主体可以全面了解农田的历史数据和生长趋势，为未来的种植计划提供科学依据。人工智能则可以帮助农业经营主体根据历史气候数据预测未来的天气变化，及时提出应对措施。另一方面，利用数据要素能科学防治病虫害。通过物联网技术建立农作物重大病虫害数字化监测预警系统，监测园区病虫害情况、土壤墒情，实现远程自动化设置。

3. 整合区域农业生产资源

数据要素以地理信息作为经济社会信息资源整合的框架，促进区域农业信息整合与共享。通过地理信息集成资源环境、农业企业、个体农户和宏观经济数据，基于地理信息、农业企业、个体农户的农田地块专业数据，将经济社会要素及其现象和过程展现在地理空间上，实现经济社会信息资源基于现实世界时空框架的整合与集成。采用地理信息技术实现经济社会信息资源的可视化与决策分析，建立“农业一张图”的区域信息资源整合、共享交换与应用模式。

3.3.2 数据要素赋能农业经营体系

1. 推进农业经营主体组织化

我国农业经营主体普遍规模偏小，在与大市场的对接过程中由于缺乏议价权等往往处于弱势地位。规模化经营不仅是实现小型农户、农村合作社等经营主体与现代农业有效衔接的关键途径，还是提高农业生产率和转化能力的有力支撑。数据要素为农业经营主体提供相互联接的数字平台，从而发挥农业龙头企业的带动能力，形成“供应商＋公司＋农户”等新的经营联合体。农业数据要素发展可以有效整合区域内分散的农业发展资源，培育比较优势，实现农业经营主体协调发展，促进农业生产要素高效流动，为农业生产规模化经营创造条件。

2. 改善农业社会化服务供需矛盾问题

农业数据要素推动生产、销售、存储、加工等全链条数据融合利用，将现代生产要素导入小农户。在需求侧方面，数据要素农业搭建要素和需求整合平台。平台可以通过激励机制引导小农户以及新型农业经营主体进行适度规模化、集约化，鼓励小农户闲散的土地、资金、劳动力等要素以及农业生产需求以集体形式整合，推动农业社会化服务需求向、标准化、区域化转变。在供给侧方面，农业数据要素提升社会化服务水平，改善供给侧结构不平衡。数据要素农业推进产业链数据融通创新，支持农业社会化服务企业面向农户提供智慧养殖、交易撮合、疫病防治、行情信息等服务，打通用料用药、生长、销售、加工等数据，提供一站式采购、供应链金融等服务，提高社会化服务水平。通过大数据和物联网技术，农业社会化服务提供者能够更准确地了解资源（如土地、水源、劳动力等）的分布和使用情况，制定合适方案，更好地满足农业生产的需求，改善社会化服务方案“一刀切”的情况。

3. 强化农产品供需对接精准化

农产品供需结构失衡是我国农业市场领域的一大难题，从本质上反映了农业市场交易信息不对称和农产品区域流通效率低。农村电商作为最为典型的乡村新兴业态，通过互联网数据要素的流动缩短农业供给端和消费端双方的距离，突破了传统农业上下游产业链间的信息壁垒，打通了农业交易主体间的“数据孤岛”。

3.4 具体案例展示

案例一：数据要素赋能智能生产，提高农业生产效率

1. 背景与挑战

赣南脐橙以其优异的品质和丰富的营养价值享誉全国。图 3.1 所示为赣南某脐橙果园。2023 年“赣南脐橙”区域公用品牌价值高达 691.27 亿元，位列

全国区域公用品牌第五位，并连续 9 年居水果类第一位。自 2013 年以来，其品牌价值增长了 14 倍。然而，尽管品牌价值迅速增长，脐橙的产量增幅却不显著。2013 年脐橙种植面积为 183 万亩，产量约 150 万吨；2022 年脐橙种植面积增加至 189 万亩，但产量仅增至 159 万吨。这一现象反映出赣南脐橙种植和管理过程中存在着一系列问题。例如，粗放型种植，赣南地区脐橙生产管理普遍依赖传统经验和土办法操作，未能形成标准化生产体系。这种粗放型的种植模式导致了脐橙品质的良莠不齐，生产成本逐年上升。由于缺乏科学的管理方法和技术支持，生产效率低下，影响了赣南脐橙整体的产量和品质。

图 3.1　赣南某脐橙果园

2. 数据要素解决方案

（1）5G＋物联网，实现了果园监控可视化。

通过采用 5G＋物联网技术的果园生产全过程监控系统，实现了果园全方位可视化，包括地面（固定摄像头、全景摄像头等）、空中（无人机摄像头俯瞰）、环境监测、生长监测等，为生产过程的智能化提供了基础条件。

（2）5G＋人工智能，实现了果园生产过程的智能化控制和决策。

利用 5G 技术，实现无延时控制果园生产现场，包括风机、外遮阳、内遮阳、喷滴灌、侧窗、水帘、阀门、加温灯或水肥一体化设备等。通过果园生产智能分析及决策系统提供快速准确的决策方案，实现果园生产过程决策的智能化。

（3）5G＋大数据，实现了果园生产过程的数据化分析。

通过 5G 技术，实现各种传感器及摄像头采集数据的高速上传，提供核心服务器或云服务器，实现各种数据分类储存与备份。通过大数据分析平台，提供精准快速的数据分析。例如，通过实时收集和分析土壤、气候、作物生长等数据，农民能够更准确地把握农作物的生长状态，制订更为科学的种植计划。

（4）5G＋区块链，实现了果园产品可追溯。

利用5G＋区块链技术，开发了果园产品溯源系统。溯源系统的建设，需要建档到户、入链到园、认证到果、服务到点、监管到位几个环节。通过底部数据采集“建档到户”，在此基础上“入链到园”。实现果园产品质量安全及生产过程数据均可追溯，并能够实现消费者可视化监控果园生产全过程。

（5）5G＋无人机，实现了果园的大数据普查。

基于5G＋无人机技术对脐橙的种植规模（面积、株数）进行数据普查，极大地提高了农户和政府的工作效率。

赣南脐橙果园监测情况可视化图如图3.2所示。

图3.2 赣南脐橙果园监测情况可视化图

3. 实际应用效果

（1）提升农业综合生产能力。

数据要素对农业的生产模式有巨大影响，深刻改变着农业的生产模式。通过5G、大数据、人工智能等技术，满足大规模数据采集的要求，实现智慧农业生产。这不仅链接农产品研发、种植、加工、储藏、流通、运输、分级、包装等各个环节，也促进各个主体形成紧密关联、有效衔接、协同发展的有机整体。数据要素赋能农业生产，节省了人力成本，提升了农产品生产整体效率，实现产业高质量发展。

（2）促进了农产品品牌的提升。

通过区块链技术，为每一颗脐橙赋予独特的数字身份，消费者可以清晰地了解到脐橙的产地、生长过程、采摘时间等详细信息，实现赣南脐橙品牌溯源，从而增强了消费者对赣南脐橙品牌的信任度，提升赣南脐橙品牌感召力。

（3）促进区域数字经济发展。

通过该项目，打造了果业产业的供应链电商平台，解决了果业生产到销售“最后一公里”的难题。电商平台不仅为果农提供了更加宽广的销售渠道，还通过大数据分析、精准营销等手段，帮助果农更好地把握市场需求，制定更加科学的销售策略。据统计，通过电商平台销售出的脐橙数量创下了历史新高，极大地推动了当地的数字经济发展。电商平台的兴起，不仅带动了相关产业的发展，还为当地创造了大量的就业机会，提升了居民的收入水平。同时，电商平台还促进了信息交流和资源共享，推动了当地数字经济的协同发展。

案例二：江苏省互联网农业发展中心构建综合性农业数据平台

1. 背景与挑战

江苏省是中国经济较发达的地区之一，农业在其经济结构中占据重要位置。然而，传统农业生产方式面临着诸多挑战，包括信息不对称、资源配置不均衡及自然灾害频发等问题。为应对这些挑战，江苏省互联网农业发展中心应运而生，旨在利用现代信息技术，提升农业生产的效率和质量。

2. 数据要素解决方案

（1）数据要素的融合。

江苏省互联网农业发展中心通过整合农情、植保、气象和基础空间等多种数据，构建了一个综合性的农业数据平台。这些数据要素涵盖了农作物生长的各个环节，为科学种植提供了有力的支持。

农情数据包括土壤质量、作物生长状况、肥料使用情况等信息。这些数据帮助农民实时了解作物的生长动态，优化种植管理策略。植保数据监测病虫害的发生与发展，为病虫害防治提供科学的建议。通过历史数据分析和实时监测，中心能够预测病虫害的发生，并提出防治方案。气象数据提供天气预报和气候变化信息，帮助农民合理安排种植和收获时间，减少气候对农业生产的负面影响。基础空间数据包括地理信息和土地利用情况，支持精准农业的实施。这些数据有助于政府合理规划土地资源，提高土地利用效率。

（2）数据驱动的农业服务。

通过对上述数据的融合与分析，江苏省互联网农业发展中心能够提供以下几种关键服务。

利用历史数据分析病虫害的发生规律，为病虫害防治提供科学依据。通过分析多年来的病虫害数据，中心能够识别出高风险区域和高发病时期，制定预防措施。

3. 实际应用效果

江苏省互联网农业发展中心通过数据驱动的农业服务，取得了显著的实际应用效果。

（1）病虫害防治。

利用历史数据分析病虫害的发生规律，提供科学依据和预警服务。中心实时监测作物生长状况和病虫害发生情况，及时发现问题并提供解决方案，有效降低了病虫害带来的损失。

（2）气象预警。

根据气象数据发布天气预警，帮助农户提前采取防范措施，减少了极端天气对农作物的不利影响。

（3）经济效益。

应用效果更直观地体现在经济效益这一方面，据统计，2022 年以来，江苏省互联网农业发展中心通过技术服务，年均挽回了稻麦损失约 200 万吨，挽回直接经济损失达 49.8 亿元，为地方农业经济带来了显著的效益。

案例三："区块链 + 农业保险"模式破解养殖业保险落地难题

1. 背景与挑战

农业保险在现代农业生产中发挥着至关重要的作用，为农业生产提供风险保障并促进农业生产的稳定性。然而，在实际操作过程中，农业保险面临诸多挑战，尤其是在养殖业。山东省济宁市的养殖户侯绍辉对此深有体会。2016 年，一场突如其来的疫情导致其损失惨重，十万只鸭苗被迫捕杀，直接经济损失高达十几万元。对于高风险的养殖业而言，农业保险本应成为养殖户的"定心丸"，然而，现实情况却未能达到预期效果。

农业保险面临的最大挑战是投保标的的唯一性识别和管理。由于信息不对称，保险机构无法掌握投保标的的具体信息，无法识别投保标的，这在养殖业中尤为明显。整个农业保险行业面临着赔付风险大、经营成本高、运营效率低等问题，如农业保险的产品种类少、保险弥补损失份额少和农业灾情出现后不能及时查勘定损等。

安华农业保险股份有限公司（简称安华农险）以“区块链＋农业保险”模式破解了养殖业保险落地难题。区块链养殖业保险模式如图3.3所示。

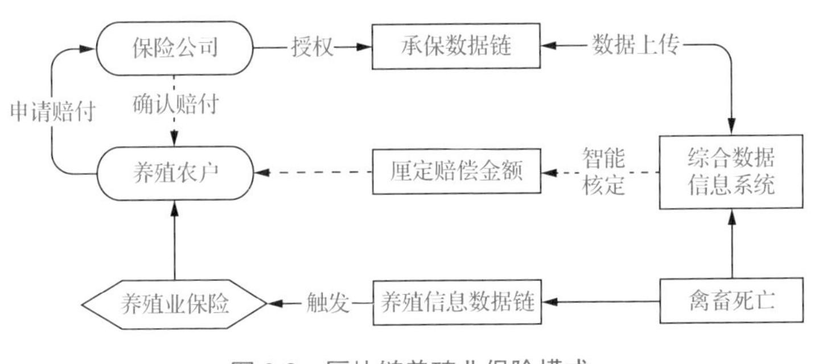

图3.3 区块链养殖业保险模式

2. 数据要素解决方案

为了解决农业保险中投保标的的唯一性识别和管理问题，区块链养殖险以区块链技术为核心，以生物特征、耳标等多种生物特征识别为基础对保险标的进行识别。通过生物特征识别技术，自动提取每一只禽畜的识别信息，通过区块链算法加密将禽畜的饲养、防疫、屠宰等养殖信息和食品加工、物流信息分布式存储于养殖户、检疫部门、保险公司等主体，实现养殖业产品及肉制品的唯一性识别和产业链全链条连续记录。

安华农险将区块链技术应用到养殖的整个过程，参与区块链保险业务的养殖户、检疫部门、保险公司等在区块链系统上各有不同的操作权限，承保标的的实时死亡数量都将被记录到区块链数据库中，实时死亡数量由参与区块链保险业务的各个主体共同维护和验证，保障了实时死亡数量的真实性和准确性。区块链下的智能合约实现了灾损的自动理赔，一旦禽畜死亡原因在保险责任范围内，数据库就会自动触发智能理赔合约，使整个理赔周期大幅缩短。

3. 实际应用效果

（1）提高农业生产抗风险能力。

区块链技术由于其去中心化、公开透明、不可篡改等特征，可以有效解决农业保险中由于信息不对称带来的道德风险问题。区块链不仅能为养殖业保险提供数据支撑，增加保险公司的信任程度。还为禽畜养殖户提供保障，减少灾情对农户生产的打击程度。此外，区块链技术为规模化养殖业发展提供了一个管理的新思路、新平台。

（2）破解农业融资困局。

区块链管理平台使得生产经营数据变得“可视化”且“公开透明”，一定程度改善了农村信用评估系统较欠缺的问题，解决了无法对农业经营主体的经营情况进行有效查证的情形，缓解金融机构对于农业经营主体道德风险层面的顾虑，有利于化解农业经营主体面临融资难的问题。

（3）探寻农业保险新模式。

区块链养殖险为农业保险创立了新的发展模式，拓展了农业保险标的的范围，增加了农业保险品种。

3.5 本章小结

数据要素在现代农业中展现出了显著的优势。通过物联网技术和大数据分析，农民可以实时监测土壤质量、作物生长状态及气象条件，为农业生产提供了精准的数据支持。这种精确化管理使得农民能够根据土壤湿度和作物需水量合理安排灌溉，有效节约水资源，并通过实时监测土壤养分含量，精准施肥，降低农业生产的环境影响，提高了生产效率和经济效益。

然而，数据要素在农业应用中仍面临一些挑战。首先，农业数据的质量参差不齐，数据收集、整合和标准化的过程仍不完善，这影响了数据的有效利用和分析。其次，农业从业者在数据处理和应用方面的能力有限，缺乏足够的数据应用技能，数据要素在农业生产中的潜力没有得到充分发挥。最后，数据安全和隐私保护问题也是亟待解决的挑战，特别是在数据共享和开放的背景下，如何确保农民和相关利益方的数据安全成了一个重要议题。有效应对这些挑战，将是未来农业数字化发展的关键。

第 4 章

数据要素 × 商贸流通

商贸流通是一种为实现跨地区商品流通及交易提供服务的产业，主要包含交通运输、批发零售、住宿餐饮、邮政仓储等行业。商贸流通是商品社会的基础行业，也是国民经济的战略产业，一端连着生产，另一端连着消费。作为现代流通体系建设的重要内容，商贸流通需要通过高质量发展，发挥重要引领和支撑作用，支撑国民经济“双循环”，提升商贸流通服务质量，满足人民群众日益增长的市场需求。

“数据要素×商贸流通”将使商贸流通数据加速释放乘数效应，使商贸流通行业踏上创新驱动和高质量发展的新路径。

4.1 商贸流通发展情况与政策介绍

“商贸通达百业兴”，数以千万计的中小商贸流通企业一头连着生产，一头连着消费，是实现产业结构升级、转变经济发展方式的重要途径。近年来，商贸流通行业发展情况向好，在高质量发展阶段和数字经济时代背景下，商贸流通行业呈现出新的特征。

近年来，商贸流通的发展趋势和前景呈现出新特征，主要体现在智能化、绿色化、社会化三方面，这是商贸流通行业的重要发展方向。智能化是指利用人工智能、物联网、云计算、大数据等技术，提升商贸流通的智能水平，这是商贸流通行业的核心竞争力。绿色化是指遵循节约资源、保护环境、实现可持续发展的原则，提升商贸流通的绿色水平，这也是商贸流通行业的社会责任。社会化是指利用社会化网络、社会化媒体、社会化平台等，提升商贸流通的社会化水平是商贸流通行业的发展趋势。

随着互联网和信息技术的广泛应用，大流通时代已经到来，新业态、新模式不断涌现，流通主体呈现出数字化、网络化和智能化的显著特征。2024年，根据战略安排，商贸流通行业会进一步加强数据要素在其中发挥的作用，以此赋能高质量发展。在数字经济政策的优化、数据互联共享基础设施的构建，以及大、中、小企业智能化理念的普及等方面，政府、行业协会和平台企业在“数据要素×”的应用上拥有着广阔的施展空间。“数据要素×”不仅能够推动政策优化和基础设施完善，还能促进企业智能化转型，提升管理效能和技术水平，从而为各类企业创造更多发展机会，推动经济社会的高质量发展。

基于商贸流通的基本特征和时代背景，近年来我国陆续推出了一系列相关政策支持，见表 4-1。

表 4-1　商贸流通相关政策

年份	政策名称	相关内容
2021 年	《商贸物流高质量发展专项行动计划（2021—2025 年）》	商贸物流是现代流通体系的重要组成部分，是扩大内需和促进消费的重要载体，是连接国内国际市场的重要纽带。本行动计划的基本原则为“市场主导，政府引导；创新驱动，转型升级；因地制宜，有序推进”
	《国务院办公厅关于促进内外贸一体化发展的意见》	加快内外贸融合发展，包括建设内外贸融合发展制度高地、打造内外贸融合发展平台、完善内外联通物流网络
2022 年	《“十四五”数字经济发展规划》	大力发展数字商务，全面加快商贸、物流、金融等服务业数字化转型，优化管理体系和服务模式，提高服务业的品质与效益

《“数据要素×”三年行动计划（2024—2026 年）》中针对商贸流通从拓展新消费、培育新业态、打造新品牌、推进国际化四方面提出规划，如图 4.1 所示。

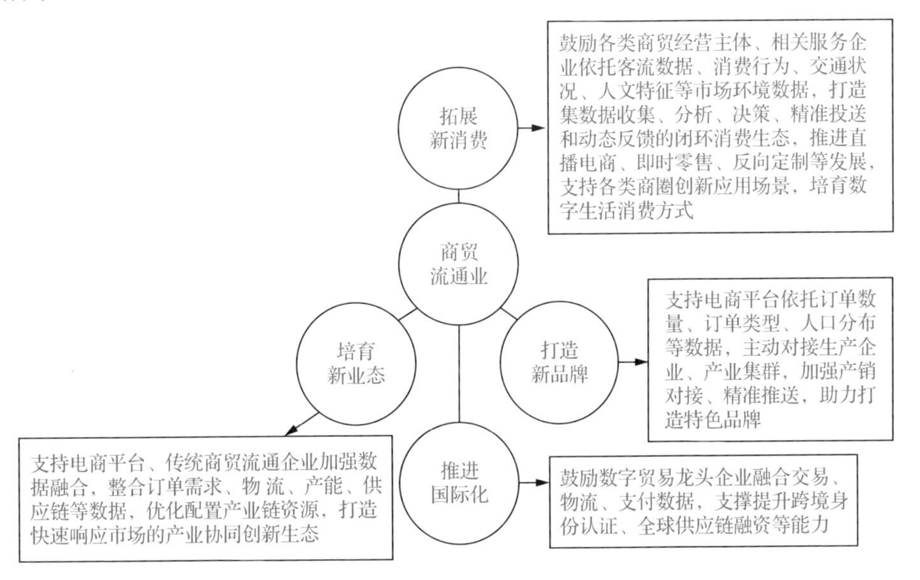

图 4.1　《“数据要素×”三年行动计划（2024—2026 年）》中对商贸流通的相关规划

4.2 商贸流通目前发展难点

当前我国商贸流通体系现代化程度还不高，过去商贸流通的粗放式扩张模式在数字化发展面前逐渐显露出弊端。提高商贸流通效率和提升管理层面的竞争力需要提上日程解决的重要问题，通过数据要素进行赋能来破解，打通“双循环”中诸多堵点。

1. 商贸流通产业基础设施网络体系不够完善，发展不平衡

我国商贸流通产业存在建设不平衡问题，三线城市、县城的一体化大型商业网点发展不足，批发、分销、物流等环节薄弱；欠发达地区在商贸流通管理体制方面还处于粗放型管理状态，存在资源浪费和流失现象；由于信息化与智能化不足，商贸流通的便捷性和安全性也存在短板。商贸流通基础设施互联互通存在问题，没有统一的标准，信息传输效率不高，重要物流节点需要优化。在农村地区，农产品需要保鲜仓储、冷链物流设施，但这些基础设施建设相对滞后，电商发展程度也亟待提高。

2. 商贸流通资源利用效率不高，产业链、供应链布局分散

从商贸企业的角度来看，分散式的管理模式会导致企业在进行管理时缺乏系统性和整体性，难以将各种资源高效地整合在一起，资源利用不够科学。从产业链的角度来看，由于物流等中间环节布局存在问题，产业链上下游企业间的协同作用没有完全发挥，资源共享的协同效应难以显现。业务流程还有很大的简化空间。另外，产业的规模效应仍未充分发挥。

3. 产业体系转型升级步伐跟不上电商发展速度

部分商贸流通企业，特别是中小企业，仍深受传统经营理念的影响，尚未普遍采用现代企业管理理念。在智能化方面的不足，导致企业内部数据流通存在壁垒，实时性和准确性无法得到充分保障。这种情况限制了电子商务的潜力，导致运营效率低下，效益不足，客户需求难以得到充分满足。同时，从商贸流通的角度来看，智能化不足使得部分企业无法实现物流的实时跟踪，对各环节的动态掌握不够全面，进一步影响了整体运营的流畅性和效率。

4. 商贸流通产业体系构建所需的营商环境仍需完善

随着消费结构的改变和信用交易规模的扩大，很多行业开始建立信用档

案，但商贸流通行业缺少统一的标准和质量追溯制度，经营主体资质参差不齐，一些企业的规范经营意识不强，信用问题渐渐显现。商贸流通企业信用管理服务平台亟须完善，不仅需要保证服务质量，信息共享共建也需要推进。

5. 商贸流通绿色化程度不足

以物流为例，目前很多企业还没有建立“绿色物流”的理念，认为与目前企业的经营关系不大。除了观念上的落后，在绿色技术的研发上也不足。企业在购置节能设备时，往往为了避免一次性较大的投资而忽视了效率的提升。在商贸流通领域，末端包裹的绿色包装已成为人们关注的焦点。然而，电商物流的各个环节（包括商品的运输、仓储、分拣、加工和配送）同样存在拆箱、分拣以及重复和过度包装的问题，这些环节在绿色化方面仍然明显不足。

4.3　数据要素赋能商贸流通

数字经济时代迎来了新一轮科技革命，这与产业变革密不可分。富有创新空间的物联网、人工智能、云计算等信息技术在产业层面得到了广泛应用，反过来也推动了科技的发展，实现了数字经济内部的正向反馈。在此背景下，我国的商贸流通迎来了高质量发展的宝贵机遇。

数字经济时代对商贸流通的智能化、便捷性、服务质量、降本增效、绿色化提出了更高要求，通过数据要素赋能商贸流通企业高质量发展，可以推动现代商贸流通体系建设。将客流量、消费行为、交通状况、人文特征等市场环境数据结合起来，同时整合订单需求、物流、产能、供应链、支付等数据，可以有效促进商贸流通，成为加快构建“双循环”新发展格局的关键环节。

1. 通过数据要素提高商贸流通智能化建设

通过加强物联网、人工智能等现代信息技术与商贸流通场景的融合应用，提升商贸流通中数据要素的参与度，可以加快智能管理、智慧规划和智慧仓储系统建设。在物流方面，引进智能标签、自动导引车、智能分拣等先进的物流技术装备，推动商贸物流智能化建设，提高整体流通效率和交易效率。

2. 通过数据要素将商贸流通与电子商务深度对接

以数据要素为接口，使商贸流通体系深度对接电子商务系统。在经过数字化转型的电子商务系统的基础上，结合商贸流通发展趋势，积极引进高新技术，增强高新技术在商贸流通体系中的作用。

3. 通过数据要素为商贸流通行业注入新质生产力

数字技术能够通过降本增效、业态创新和创新生态构建三个渠道提升商贸流通企业的全要素生产率，促进商贸流通企业高质量发展。商贸流通上下游产业深度融合联动发展，实现跨界合作与创新，用数据要素为产业链、供应链提供重要支撑，进而为商贸流通行业注入源源不断的新质生产力。

4. 通过数据要素促进商贸流通降本增效

通过数字化赋能，提高经营管理智能化水平，持续提高流通效率，降低成本。通过推动现代信息技术和智能装备下沉到一线，不断夯实未来发展的底层基础。利用流通线路长、环节多的特点，持续深化和拓展应用场景，不断提升数字化应用质量。

5. 通过数据要素赋能商贸流通绿色化

绿色是我国实现高质量、可持续发展的底色。通过科技赋能进一步优化商贸流通行业整体运行效率，驱动供应链向绿色、低碳转型升级。鼓励政府部门打造绿色大数据平台，优化组合多种流通方式，进而高效地配置资源，实现供需的动态平衡。数字化和绿色化存在“双化协同作用”，数据要素将为企业带来更多转型机会，从采购、生产到物流等各环节都可采用数字技术实现信息的互联共享。

6. 数字化推动经济协同作用

以数字经济赋能商贸流通，有序推动商贸流通数字化、智慧化转型，是我国建设全国统一大市场、构建“双循环”新发展格局的重要课题。通过数字技术创新、产业协同集聚、消费结构升级，推动商贸流通高质量发展。例如，对于商贸物流园区，可借鉴国内外相关优秀案例经验，建立公共服务信息平台，在园区企业内、企业间，以及园区与外部企业三个层面实现信息互通，扩大数据共享程度，加强信息交流与降低管理成本，使企业可以协同发展，为企业带来规模效应和溢出效应。

在数字经济背景下，商贸流通面临市场竞争激烈、技术创新、政策调整、风险防范等方面的挑战，需要不断加强自身建设，提高能力，把握机遇，应对困难，实现经济的高质量发展。

4.4　具体案例展示

案例一：数据要素赋能小商品数字贸易便利化

1. 背景与挑战

义乌小商品交易市场是全球最大的小商品市场，汇集海内外众多的采购商和供应商，以批发方式促进大规模商品流通交换，促进了国内外贸易发展。但由于交易双方企业主体普遍较小、数据流通共享质量不高等问题，导致企业出口结算账期长、货款回收难，金融机构授信难、放款难，监管部门缺乏管理手段。浙江中国小商品城集团股份有限公司通过公共数据授权运营，融合小商品城企业的数据，推出企业信用、外贸预警等数据产品服务，提高了贸易效率，降低了交易风险，拓宽了融资渠道，助力中国小商品扬帆出海。

2. 数据要素解决方案

（1）整合多源数据，让数据“供得出”。

通过授权运营方式获取登记、许可、处罚、荣誉等公共数据，融合商品、交易、物流、评价等企业数据，以及全市电商企业、电商示范基地、传统商贸流通企业的采购商信息、贸易纠纷、履约评价等数据，为小商品数字贸易便利化提供数据基础。

（2）构建数据流通通道，让数据“流得动”。

构建商贸领域线上综合服务平台，以数字化贯穿展示交易、贸易履约、仓储物流、资金结算和信贷融资等方面，服务产业链上下游企业，沉淀贸易数据，让贸易全过程可追溯、可还原。

（3）创新数据应用场景，让数据“用得好”。

打造商贸供应链金融产品，基于真实贸易数据为核心的轻资产授信服务，开发“货款宝”应用，商户送货至指定仓库即可收到 50%的货款，有效缓解中小微主体回款难等问题，降低账户被冻结的风险。全面构建企业征信体系，建立覆盖义乌市场 25 万家商户的企业信用评价模型，开发信用报告产品，为市场商户、采购商、银行机构提供企业信用风险查询服务。

3. 实际应用效果

从整体数据来看，2023 年义乌出口总值达 5005.7 亿元，使用小商品数字自贸平台提供的报关、物流或结汇等数字化产品服务的占比达 77.6%。2023 年全年基于企业征信体系累计授信总额 90.57 亿元，放款额 35.58 亿元，解决 3.3 万余户小微企业融资问题。通过市场采购贸易方式出口 3883.7 亿元，同比增长 19.0%；通过海关跨境电商管理平台进出口 166.0 亿元，同比增长 93.0%。义乌市场电商主体突破 60 万户，日均诞生超 500 个电商“老板”，领跑全国。

案例二：数据要素赋能“数智菜篮子”

1. 背景与挑战

2022 年 9 月，由中共宁波市委全面深化改革委员会办公室、宁波市商务局、宁波市农业农村局、宁波市市场监督管理局、宁波市国资委、宁波市商贸集团有限公司 6 家单位联合发文《“数智菜篮子”场景应用改革实施方案》，明确由宁波市商贸集团有限公司承建“数智菜篮子”场景应用。

“数智菜篮子”场景应用借助宁波市商贸集团有限公司菜篮子链主地位，横向上与各部门协同，纵向上与菜篮子产业链上各主体贯通，建立“数智菜篮子”场景应用“四横四纵”体系，构建“1＋8＋7＋*N*”场景架构。其中，“1”是一个大脑，即菜篮子大脑；“8”是八大核心业务应用场景，包括货源管理、食品安全、交易服务、价格服务、综合服务、流通运输、消费管理、应急保供；“7”是七大基础业务应用场景，包括风险预警、运行监测、评价预报、动态指数、全景画像、分析研判、决策赋能；“*N*”是八大核心业务应用场景下的 *N* 个子场景，并与菜篮子政府协同部门的系统对接，实现业务穿透、数据贯通、应用落地。通过建设“平台＋大脑”的数智菜篮子体系，流程优化、制度重构、数字赋能，健全跨部门多场景菜篮子供应协同机制，助力形成“全方位、全过程、全覆盖、全要素、全链条”的菜篮子供应管理体系，建成“数智菜篮子”的新模式。“数智菜篮子”技术框架图如图 4.2 所示。

“数智菜篮子”场景应用坚持问题导向、目标导向和效果导向相统一，始终聚焦菜篮子从源头组织到终端消费全产业链和应急保供体系中存在的问题短板，梳理出菜篮子产业链存在的四大难点问题。一是菜篮子底数不清。产业链节点数字化覆盖不全，导致资源统筹能力有限。二是菜篮子链条不全。生产、流通、销售环节未贯通，导致产业整合能力不强。三是菜篮子协同不畅。与政府的数据、业务融合度低，导致联动处置能力较弱。四是菜篮子效能不强。数智赋能应用水平不高，导致提质增效能力不够。

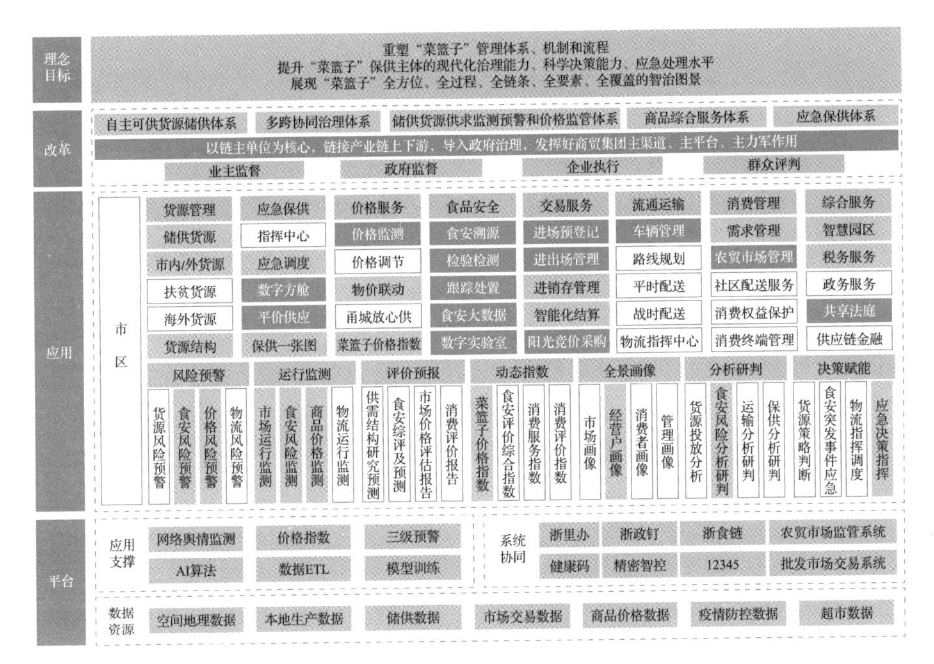

图 4.2　“数智菜篮子”技术框架图

2. 数据要素解决方案

（1）从系统性和整体性角度进行菜篮子工程数字化改革。

从菜篮子全产业链的角度进行系统性方案设计，解决菜篮子工程供应链长、管理环节多、过程复杂；管理主体多，管理能力不一；横向协作与纵向联动不畅、信息沟通与数据共享不强；食品安全上下游追溯体系的不完善；缺少大数据支撑，风险预警滞后等问题。

（2）重建一套菜篮子科学管理和应急保供制度体系。

这套体系体现了平战结合、应急指挥、上下联动、保障供应的特点。首先，在应急保供方面，基于“数智菜篮子”应急指挥平台，能够迅速感应到需求，及时提供供应保障。其次，在平价供应体系方面，建立一套在公共突发事件出现时，可以迅速以市场和行政手段双管齐下对菜篮子商品进行干预，确保稳价保供的机制。最后，在交易服务方面，基于数字化手段，建立便捷的数字化交易体系，实现交易各方的数据贯通，提高交易效率。宁波市商贸集团有限公司全国首创的数字化蔬菜批发“方舱”，在新冠疫情防控期间确保了菜篮子商品的市场供应，稳定了菜篮子商品的价格，显示了数字化改革的巨大社会效益。

（3）优化多跨部门协同协调机制。

菜篮子工程各个环节涉及十几个部门，建立以市政府办公厅牵头的菜篮子数字化改革联席会议机制，所有相关大数据汇集到菜篮子大脑，经运算后为实施预警、评估、决策、指挥、调度工作提供依据，形成高效的跨部门协同协调机制。

（4）重塑菜篮子管理能力。

第一，提升菜篮子商品货源组织能力，构筑多元化菜篮子商品储备体系。第二，提升菜篮子工程科学管理能力，实现由行政管理转向以市场、客户和服务为主的菜篮子管理体系。第三，提升菜篮子工程的部门协同能力，实现了菜篮子从部门分头管理到“一张网、一个平台”的集中协调管理，大大提高了管理效能。第四，提升菜篮子综合服务能力，打通菜篮子全链条环节，提供线上线下相结合的全要素服务。第五，提升宁波商贸菜篮子保供能力，逐步实现宁波市商贸集团有限公司在菜篮子全产业链组织者和供应者的角色转变中发挥主渠道、主力军、主平台的作用。

3. 实际应用效果

宁波市商贸集团有限公司探索出台“数智菜篮子”场景应用改革方案，通过数字化改革倒逼体制改革，建立了政府与企业共建、共用、共管的新型菜篮子工作体制。这种新体制打破了原有的政府单线管理模式，切实发挥了宁波市商贸集团有限公司的主渠道、主平台、主力军作用，在形成全国一流、全省示范的城市保供能力的同时，进一步带动产业转型升级，为1000万宁波市民提供优质民生保障。

案例三：数据要素赋能国际贸易综合服务平台

1. 背景与挑战

基于区块链的国际贸易综合服务平台是广州软件应用技术研究院及其孵化企业中科汇智（广东）信息科技有限公司（简称中科汇智），通过“1＋1＋*N*”（1个平台＋1套标准＋*N*个应用系统）的方式，研发以区块链和大数据为核心能力的综合平台，将国际贸易中的各个环节打通，并服务到跨境贸易结算、企业融资、金融风控等应用场景，实现国际贸易“智能核验＋智能结算＋智能风控＋智能融资”一体化。本案例是实施国家推动区块链创新发展战略的重要成果，是推动贸易融资便利化、提升粤港澳大湾区国际贸易竞争力的重要抓手，具有先进性和前沿性。以往国际贸易在结算、融资、出口退税、物流等场景下均存在时间成本高、效率低下、安全漏洞多、合规性差等问题。

2. 数据要素解决方案

针对上述问题，中科汇智基于其研发的国际贸易综合服务平台，实现外综服企业服务子系统、国际贸易结算电子化服务子系统、跨境贸易出口退税子系统、国际贸易在线融资子系统、贸易融资监控预警子系统、国际贸易物流管理子系统、可视化系统等。通过平台将国际贸易中的各个环节打通，并服务到跨境贸易结算、企业融资、金融风控场景应用，为企业提供线上申报、结算、退税、融资等一体化便利服务，为银行提供风险管控智能化分析模型，为政府提供贸易真实性核验以降低风险，实现国际贸易“智能核验＋智能结算＋智能风控＋智能融资”一体化。

（1）搭建技术平台。

以 RepChain 区块链底层平台为基础，研发面向国际贸易全场景的国际贸易综合服务平台，为电子口岸、银行、进出口企业、港口、物流企业等不同的行业角色提供安全可靠的数据上链存证及数据交互验证服务。平台采用可配置的加密套件、响应式编程模型、区块链分布式存储设计、区块链数据安全策略、区块链分级管理、区块链数据隔离存储、区块链节点部署架构等。

（2）建设基于区块链的国际贸易综合服务平台。

在该平台中进行外综服企业服务子系统建设、国际贸易结算电子化服务子系统建设、跨境贸易出口退税子系统建设、国际贸易在线融资子系统建设、贸易融资监控预警子系统建设、国际贸易物流管理子系统建设、可视化系统建设，形成一体化高效管理系统。基于区块链的国际贸易综合服务平台区块链底层架构如图 4.3 所示。

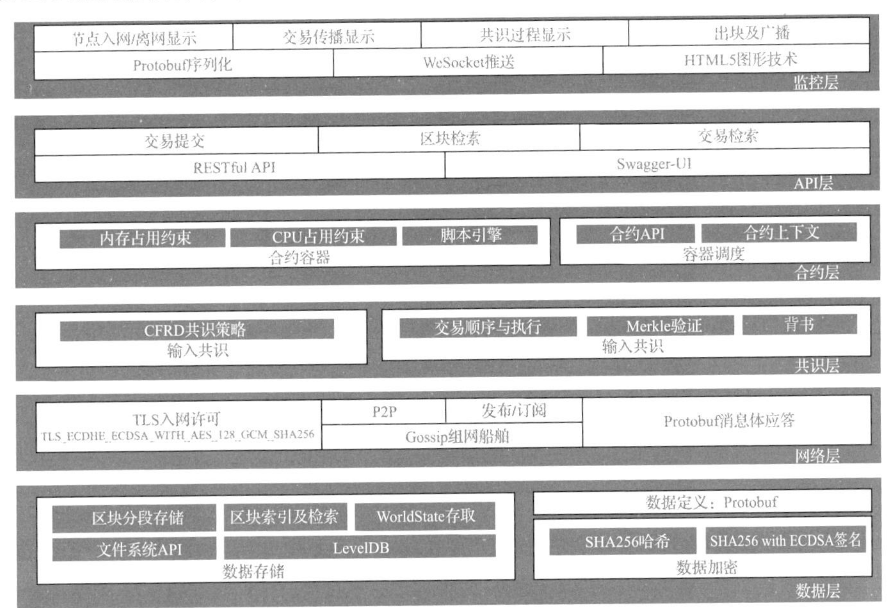

图 4.3　基于区块链的国际贸易综合服务平台区块链底层架构

3. 实际应用效果

通过数字生产要素赋能，中科汇智在技术上取得以下成效：解决加密套件可配置问题；支持使用国际标准的开源加密库或商用合规的国产密码体系；解决平台的自主可控问题；实现区块链可配置的加密套件、响应式编程模型、区块链分布式存储设计、区块链数据安全策略、区块链分级管理、区块链数据隔离存储、区块链节点部署架构；完成应用于金融科技领域的区块链基础平台研发；实现组网节点支持不间断长时间运行，支持组网节点的离网自动重入，组网节点从网络异常自动恢复的时长不超过 30 秒；实现存储层、网络层、API 层采用业界标准规范和开源，方便模块替换和升级。RESTful API 支持在线检测，支持字节流式 POST 和 GET，包括不少于 3 类 20 个常用接口，其中包含 Pull（拉取）和 Push（推送）两种方式的区块数据同步接口；支持持续的高频次交易处理；共识层支持可插拔的共识算法实现，允许通过配置为内置的 CFRD、Raft 或 PBFT 共识算法，也允许通过继承接口实现自定义的共识算法。

4.5 本章小结

企业通过整合产业链和供应链数据，利用电商平台提升商贸流通效率，可以催生新业态并反向提升新质生产力。平台融合客流数据、消费行为、交通状况等市场环境数据，打造集数据收集、分析、决策、精准投放和动态反馈于一体的闭环消费生态。此模式在几个方面显著赋能企业：第一，通过分析客流数据，平台可以提供精准的商品推荐和个性化服务，提高销售效率和消费者体验；第二，通过整合订单、物流、产能等数据，优化资源配置，实现反向定制，提升产品质量和市场竞争力；第三，直播电商和即时零售等新消费方式丰富了消费者的购物体验，同时提供更高效的营销和销售渠道；第四，分析交易和物流数据支撑跨境贸易和供应链融资，解决商家资金问题；第五，通过数据赋能绿色化转型，优化供应链管理，推动绿色发展，提升资源配置效率，实现经济和社会效益的双赢。

然而，商贸流通发展目前仍存在难点、堵点。合规监管体系不健全，现有法律制度大多只强调对数据的规范利用和安全隐私保护，并未就具体的流通实践形式、市场准入与监管等给出清晰界定。权益保障机制不完善，商贸流通数据涉及来源者、收集者、持有者、使用者等多方主体，亟须保证数据价格和所得收益公平合理。数据安全基础不坚实，当前所有技术手段都无法保证数据不会失控，尤其是涉及秘密和隐私数据，蕴含极大风险隐患。

在数字经济背景下，数据要素作为重要的新生产要素将在商贸流通行业各个环节发挥作用，逐个解决难点、堵点，将助推我国实现整体高质量发展的目标。

第 5 章

数据要素 × 交通运输

交通运输作为国民经济的重要支柱，承担着促进区域经济发展、满足人民出行需求等重要职责。随着科技进步和经济全球化的加速，交通运输面临着前所未有的机遇与挑战。从传统的水路运输、公路运输，到现代的铁路运输、航空运输，再到未来的智能交通运输系统，每一次创新和升级都在提高运输效率、降低运营成本、保障出行安全等方面取得巨大进步。本章将深入探讨交通运输的发展现状、面临的挑战及未来发展趋势，通过三个案例展示数据要素如何赋能交通运输的转型升级，以及转型升级对促进社会经济发展、提升公共服务水平所带来的深远影响。

5.1 交通运输发展情况与政策介绍

5.1.1 交通运输发展概述

自党的十八大以来，我国交通运输行业取得了历史性的发展成就。在“十三五”时期，我国综合交通网络不断完善，高速铁路、公路、航空、水路等运输基础设施建设取得显著进展。同时，智能交通技术、绿色低碳发展、安全保障等方面也有了长足的进步。

据交通运输部发布的《2023 年交通运输行业发展统计公报》显示，截至 2023 年末，全国铁路营业里程达到 15.9 万公里（图 5.1），其中高速铁路营业里程为 4.5 万公里，铁路复线率和电化率分别为 60.3%和 75.2%，全国铁路路网密度达到 165.2 公里/万平方公里。

截至 2023 年末，全国公路里程达到 543.68 万公里，公路密度为 56.63 公里/百平方公里，其中高速公路里程 18.36 万公里，使得覆盖 20 万以上人口城市的高速公路达到 95%以上。此外，公路桥梁和隧道的数量也在不断增加。2019—2023 年全国公路里程及公路密度如图 5.2 所示。

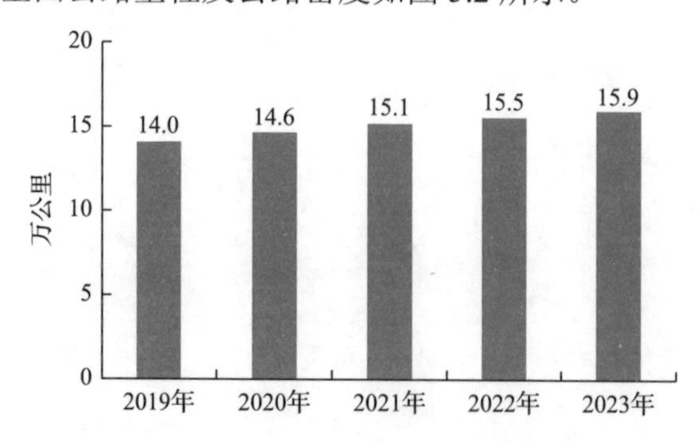

图 5.1 2019—2023 年全国铁路营业里程

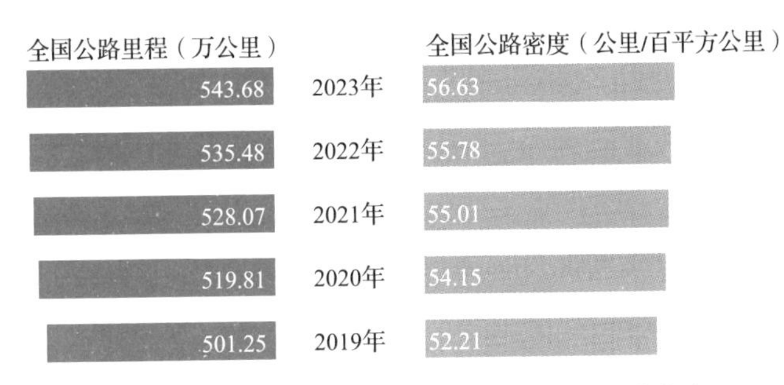

图 5.2 2019—2023 年全国公路里程及公路密度

截至 2023 年末，全国内河航道通航里程 12.82 万公里。等级航道通航里程 6.78 万公里，占内河航道通航里程比重为 52.9%，其中三级及以上航道通航里程 1.54 万公里，占内河航道通航里程比重为 12.0%。全国港口生产用码头泊位 22023 个，其中内河港口生产用码头泊位 16433 个，沿海港口生产用码头泊位 5590 个。2023 年末全国港口万吨级及以上泊位数量见表 5-1。

表 5-1 2023 年末全国港口万吨级及以上泊位数量　　单位：个

泊位吨级	全国港口年末数	比上年末增加	沿海港口年末数	比上年末增加	内河港口年末数	比上年末增加
合计	2878	127	2049	109	469	18
3 万吨级以下	932	41	744	38	188	3
3～5（不含）万吨级	467	15	338	11	129	4
5～10（不含）万吨级	966	36	824	26	142	10
10 万吨级及以上	513	35	503	34	10	1

截至 2023 年末，全国颁证民用航空运输机场达到 259 个，其中定期航班通航机场 259 个，定期航班通航城市（或地区）245 个。全年旅客吞吐量达到 100 万人次以上的运输机场 102 个，其中达到 1000 万人次及以上的运输机场 38 个。全年货邮吞吐量达到 10000 吨以上的运输机场 63 个。

5.1.2 交通运输政策介绍

为了加快建设交通强国，构建现代综合交通运输体系，国务院印发了《“十四五”现代综合交通运输体系发展规划》。规划确定的发展目标是，到 2025 年，综合交通运输基本实现一体化融合发展，智能化、绿色化取得实质性突破，综合能力、服务品质、运行效率和整体效益显著提升，交通运输发展向世界一流水平迈进。

1. 基础设施建设方面

在“十四五”期间，基础设施建设依然是交通运输发展的重中之重。规划明确了加强综合交通网络布局，提升基础设施质量和服务水平的目标。构建高质量综合立体交通网，不仅要加强传统交通方式（如铁路、公路、水运、航空）的建设，还要注重各种交通方式之间的衔接和协同，形成立体化的交通网络。夯实城乡区域协调发展基础支撑，强调夯实乡村振兴交通基础，强化边境交通设施建设。推进基础设施的智能化升级，通过应用新技术、新材料和新工艺，提升基础设施的耐久性、安全性和可靠性；加强智能交通系统的建设，实现交通信号的智能化管理、交通信息的实时共享和交通拥堵的有效缓解。全面推动交通运输规划、设计、建设、运营、养护全生命周期绿色低碳转型，协同推进减污降碳，形成绿色低碳发展长效机制，让交通更加环保、出行更加低碳。

2. 行业管理方面

规划提出加强安全生产管理，健全企业安全风险分级管控、隐患排查治理、事故和重大险情技术调查等工作机制，加强生产安全事故统计分析，强化监督检查执法。强化安全应急保障，健全综合交通运输应急管理体制机制，完善应急协调机制和应急预案体系，加强交通运输调度与应急指挥平台建设。加强现代化治理能力建设，优化完善管理体制、运行机制、法律法规和标准体系，建设高水平人才队伍，推进治理能力现代化，持续增强综合交通运输发展动力和活力。

3. 科技创新方面

规划突出科技创新在推动交通运输行业转型升级中的关键作用。坚持创新驱动发展，推动互联网、大数据、人工智能、区块链等新技术与交通行业深度融合，推进先进技术装备应用，构建泛在互联、柔性协同、具有全球竞争力的智能交通系统，加强科技自立自强，夯实创新发展基础，增强综合交通运输发展新动能。推动交通用能低碳多元发展，积极推广新能源和清洁能源运输车辆。推动交通科技自立自强，强化交通运输领域关键核心技术研发；培育交通科技创新生态圈，促进政产学研用在交通运输领域深度融合；强化数据开放共享，加强交通运输数据分级分类管理。

总体而言，《“十四五”现代综合交通运输体系发展规划》旨在推动交通运输行业的全方位转型，实现“建管养运”并重、设施服务均衡协同、交通运输与经济发展深度融合。通过上述举措，我国的交通运输将实现智能化、绿色化和高效化发展，为全面建设社会主义现代化国家提供有力支撑。

5.2　交通运输目前发展难点

尽管我国的交通运输体系建设取得了显著的进步，但仍然面临着多方面的挑战和难点。从基础设施建设的不平衡，到新技术应用的落地难题，再到绿色低碳转型的压力，这些都是交通运输行业急需解决的问题。本节将从宏观和微观两个层面全面分析交通运输面临的主要发展难点，探讨背后的原因，为行业持续健康发展提供参考。

5.2.1　宏观层面发展难点

在我国经济持续快速发展的背景下，交通运输体系的建设和完善对推动经济增长和区域协调发展发挥了重要作用。然而，随着城镇化进程的加快和人们对交通服务的需求变得多样化与个性化，我国的交通运输面临诸多发展难点。这些难点不仅影响了交通网络的整体效能，也制约了区域经济的均衡发展和资源的有效配置。下面将从宏观层面详细探讨我国交通运输体系在发展过程中面临的主要挑战。

1. 不平衡的发展结构

我国的综合交通网络布局尚不均衡，特别是一些重点城市群和都市圈的城际及市域（郊）交通存在明显的短板。虽然高速铁路网、高速公路网的快速发展为我国的经济增长和区域协调发展提供了重要支撑，但从全国范围看，交通基础设施的建设水平仍显不足，尤其是在经济不太发达的西部地区和农村地区，交通基础设施建设相对落后，影响了区域经济的均衡发展。

2. 多式联运发展滞后

当前我国已建成庞大的交通网络，但不同运输方式之间的有效衔接和资源整合不足，特别是货物多式联运、旅客联程联运的比重偏低，定制化、个性化、专业化运输服务产品供给与快速增长的多样化需求不匹配。这一方面反映了物流系统中信息共享、资源整合的不足，另一方面也凸显了物流基础设施互联互通的不足。综合交通运输管理体制机制有待健全完善，制约要素自由流动的体制障碍依然存在。

3. 绿色低碳转型压力大

随着全球气候变化和国内环保要求的提高，交通运输面临着由传统能源向绿色低碳能源转型的巨大压力。在推动交通运输绿色低碳发展的进程中，应大力推进清洁能源和新能源车辆的应用，尤其是在公共交通和货运领域，如何在保证交通运输效率的同时减少环境污染和能源消耗，成为亟须解决的问题。

4. 交通运输安全形势仍然严峻

随着交通运输方式的多样化和综合交通网络的发展，完善的跨运输方式、跨区域的安全管理体制和机制亟待建立。基础设施的抗风险能力、交通运输部门的事故预防和风险管控能力等安全应急保障能力同样有待提高。

5. 智能交通技术应用不足

“十四五”规划中提出要加快智能技术深度推广应用，但当前智能交通技术的应用深度和广度还有待拓展，部分核心产品的自主创新能力不强。数字化基础设施的建设和更新步伐相对滞后，包括信息传输、数据处理和存储能力不足，以及先进数字技术在交通运输管理和服务中的应用不广泛。尽管已有一些智能化技术的试点应用，但从整体上看，在提高交通运输效率、安全管理和服务质量方面的潜力还未得到充分发挥。

5.2.2 微观层面发展难点

在构建现代化综合交通运输体系的过程中，各个细分领域均面临着不同的挑战。铁路、公路、水路和航空运输作为交通运输体系的四大支柱，各有其不可替代的重要性，也各有其面临的特殊难题。铁路运输在准点率、运输能力和运营成本等方面存在诸多挑战；公路运输面临着发展不平衡、监管困难、运营低效和环境污染严重等问题；水路运输在基础设施建设与维护、环境污染及船舶技术等方面存在发展难点；航空运输则面临运力不足与资源分散、安全管理、市场竞争激烈、航空器技术的更新与升级等问题。下面详细探讨铁路、公路、水路和航空运输在发展过程中所遇到的主要难点。

1. 铁路运输

铁路运输作为一种重要的交通运输方式，对于国民经济的发展和人民生活水平的提高起着重要的作用。铁路运输在准点率、运输能力、运营成本等方面存在挑战。

（1）在准点率方面。

铁路运输的准点率是影响客户满意度和运输效率的重要指标。但由于多种因素的影响，如设备故障、恶劣天气等，铁路运输的准点率较低。

（2）在运输能力方面。

随着我国经济的快速发展，铁路运输能力与快速增长的运输量变得不匹配，需要加大对铁路基础设施的投入，增加线路数量和长度，但铁路项目建设和运营需要巨额投资，而资金来源有限，融资成本高，限制了铁路项目建设的速度和范围。

（3）在运营成本方面。

运营成本高也是限制铁路运输发展的重要因素。日益上涨的燃料成本和高昂的设备维护费用等使铁路运输成本逐年上升。在一些经济较为落后的偏远地区，铁路项目的投资回报率也是需要重点考量的问题。

2. 公路运输

在公路运输领域，主要存在发展不平衡、监管困难、服务质量低下和环境污染严重等问题。

（1）发展不平衡。

公路货运的整车运输非常分散。根据货物重量，公路货运可进一步划分为整车运输、零担货运和快递。尽管近年来业内不断整合升级，但仍呈现出“多小散弱”的发展态势。

（2）监管困难。

有的地方为促进经济发展，推出优惠政策引入外地车辆，导致出现车辆“外挂”现象。这些车辆并未在注册地实际开展业务，相关管理部门无法准确掌握车辆信息，增加了管理难度。

（3）运营低效。

我国公路货运市场的货运量巨大，但其运营仍然处于较低效的状态。整体服务质量和运输流程等方面仍有提升和优化的空间。

（4）环境污染严重。

传统公路运输的污染物排放极大，与我国的绿色低碳发展理念相悖。随着全球环境保护意识的提高，公路运输业面临转型升级的压力，需要发展更多的绿色低碳运输方式。

3. 水路运输

基础设施建设与维护、环境污染及船舶技术等方面是水路运输发展的主要难点。

（1）在基础设施建设与维护方面。

水路运输需要有良好的航道、港口和码头等基础设施。港口作为水路运输的重要节点，需要不断改善和扩建，以适应日益增长的货物运输需求，航道疏浚对大型船只的通行至关重要。但这些设施的建设和维护需要巨大的资金投入和技术支持，严重制约了水路运输的发展。

（2）在环境污染方面。

水路运输虽然具有运输量大、成本低的优势，但也对环境造成一定影响（如排放污染、噪声污染等）。如何在保证运输效率的同时，实现水路运输的可持续发展，是当前面临的重要问题。

4. 航空运输

运力不足与资源分散、安全管理、市场竞争激烈、航空器技术的更新与升级等是航空运输发展的主要难点。

（1）航空运输面临运力不足和资源分散的难点。

航空运输需要有机场、跑道、停机坪、航站楼等基础设施。这些设施的建设需要巨大的资金投入，维护成本也相当高昂。这导致航空运力不足，某些航线的服务跟不上，影响了旅客和货物运输的效率。同时，我国分散而不平衡的资源格局，使得一些机场没有充分利用现有设施，造成资源浪费。

（2）航空运输的安全问题一直是行业发展的重中之重。

随着航空运输量的不断增加，确保飞行安全、防范恐怖袭击、应对突发事件等成为航空公司和相关管理部门的头等大事。随着航线越来越密集，交通拥堵也成为一个严重的问题，需要提高空域管理和流量控制能力。

（3）航空运输市场竞争激烈。

航空公司需要同时面对来自国内和国外的竞争压力。为了争夺市场份额，航空公司往往采用压低价格、服务升级等手段来吸引客户，这大大压缩了航空公司的盈利空间。随着市场开放程度的提高，我国航空公司参与到国际航空市场竞争中，对航空公司的国际化运营能力和管理水平提出了更高的要求。

（4）航空器技术的更新与升级是航空运输发展的瓶颈。

航空器是航空运输的核心工具，其性能直接影响运输效率和安全。随着科技的不断发展，航空器技术也在不断更新和升级，这对航空器制造商和航空公司来说意味着巨大的研发和投资压力。同时，国外对我国航空器的技术封锁也对我国的航空运输发展带来一定的阻碍。

5.3 数字要素赋能交通运输

在全球经济快速发展的当下，数字化已不仅仅是一个选项，而是推动交通运输高质量发展的必由之路。数字要素正在成为改造和升级传统交通运输体系的关键力量，通过提升信息流通效率、优化资源配置、增强服务体验，为交通运输注入了新的活力。本节将探讨数字要素如何在交通运输领域发挥作用，不仅提升了运输效率、保障了运输安全，同时也促进了绿色环保和为交通运输发展赋能，引领行业向智能化、绿色化、高效化的方向迈进。

5.3.1　宏观层面发展难点的数字要素解决方案

下面详细分析数字要素解决交通运输宏观层面发展难点的方案。

1. 交通网络规划与数据中心建设

针对交通运输中存在的发展不平衡、不充分的问题，通过数字要素优化交通网络、实现资源有效配置是关键。通过大数据分析识别交通基础设施在不同区域的分布情况，利用地理信息系统进行精确的交通网络规划，确保投资和资源能够优先补齐交通发展落后地区的短板，促进区域经济的均衡发展。建立全国范围的交通数据中心，集成不同运输方式、城市交通状况等多个维度的数据，对交通需求和资源分布进行实时监测和分析，为决策者科学决策提供支持，也能为公众提供更加准确的出行建议。通过数字化技术（如移动互联网、云计算等）的应用，可以进一步提升交通管理的智能化水平，实现对交通流量的动态调控，减轻重点城市群和都市圈的交通压力。

上述解决方案的应用，将有助于解决交通运输发展不平衡的结构性问题，推动交通运输向更加高效、均衡、智能的方向发展。

2. 建立统一的物流运输信息平台

为解决多式联运发展滞后的问题，建立统一的物流运输信息平台是关键，它能实现货物流通信息的全程可追踪和共享，从而提升物流效率和降低运输成本。通过物流运输信息平台，不同运输方式之间的有效衔接和资源整合得以实现，货物多式联运的比重得以提高，满足市场对于定制化、个性化、专业化运输服务的需求。同时，推广智能调度系统，优化货物的多式联运路径和方式，可以显著提升联运效率，减少等待和转运时间。此外，加强物流基础设施的互联互通，如改善港口、铁路、公路之间的连接设施，建设物流枢纽，将进一步促进多式联运的发展。旅客联程联运的推广同样重要。建立统一的旅客运输信息平台是提升联程运输效率的关键。旅客运输信息平台能实现不同运输方式之间的信息共享与整合，如航班、列车、长途客车和城市公交的时刻表、票价信息等，为旅客提供一站式查询、预订和票务管理服务。这样不仅方便了旅客的出行，也提升了旅客运输的效率和舒适度。发展智能调度系统，可以实现对旅客流量的动态监控和预测，根据实时数据调整运输计划和资源分配，减少旅客等待时间，提升旅客出行体验。加强交通枢纽的建设和改造，如机场、火车站与城市公交、地铁的无缝连接，可以大大提高旅客联程联运的便捷性。

通过上述综合措施，可以有效推动多式联运的发展，实现旅客运输效率的提升和物流成本的降低，从而提高整体交通运输服务水平，满足经济社会发展的需求。

3. 发展智能交通系统

面对绿色低碳转型的压力，数据要素提供了有效的解决方案。利用物联网技术收集交通运输中的实时数据，如车辆能耗、路线效率和交通流量等，可以为运输管理提供科学的数据支持。通过大数据分析，识别能源消耗高和排放量大的环节，有针对性地进行优化调整。例如，对公共交通系统进行智能调度，减少空驶和拥堵，提高运输效率，同时降低能源消耗和减少排放。在大数据分析的基础上，发展智能交通系统，通过高级算法优化交通流，减少交通拥堵，从而减少汽车尾气排放。利用云计算和人工智能技术开发绿色出行应用程序，鼓励公众选择低碳出行方式。还可以在智能交通系统中增加绿色能源管理监控系统，监测和管理交通运输领域的能源使用情况，推广使用新能源和清洁能源。通过数字化平台，可以实现新能源充电站的智能调度和管理，提高新能源使用的便利性和效率。

通过上述解决方案，不仅能有效应对绿色低碳转型的压力，还能促进交通运输行业的可持续发展，为实现碳中和目标贡献力量。这种以科技创新为核心，以数据为驱动的绿色低碳转型路径，将为交通运输开辟一条可持续发展之路。

4. 建立交通安全数据互联机制

面对交通运输安全形势的严峻挑战，建立交通安全数据监控机制是关键。建立一个全面的交通安全数据监控平台，通过部署广泛的传感器网络和利用现有的视频监控系统，实时收集各种交通运输方式的安全相关数据，包括车辆速度、行驶路线、天气条件及交通流量等。利用大数据分析和人工智能技术实时分析交通状况，预测潜在的安全风险，从而提前采取预防措施，如调整交通信号、发布安全警示等。此外，通过对事故数据的深入分析，可以识别交通事故的常见原因和危险点，为制定针对性的安全改进措施和政策提供依据。推广车联网技术，实现车辆与车辆、车辆与基础设施之间的实时通信。

这不仅能够提高驾驶安全，减少交通事故，还能有效优化交通流，减少交通拥堵。利用区块链技术保证数据的安全和不可篡改，建立安全可靠的交通数据共享机制。开展普及交通安全知识的数字化教育和培训，增强公众的安全意识和应急处置能力。通过 App、在线平台等数字化工具，提供定制化的安全教育内容和交通安全提示。

通过上述解决方案，可以有效提升交通运输安全管理的效率和效果，减少事故发生，保护人民生命财产安全，促进交通运输行业的可持续发展。

5. 技术共享降低智能技术使用门槛

针对智能交通技术应用不足的问题，降低其使用成本和门槛是重中之重，而降低成本的关键在于推广开源技术和共享平台。通过建立行业内的开源技术共享机制，小型企业和地方交通运营商可以用较低的成本获得先进的数据要素解决方案。此外，政府和行业协会可以牵头建立云计算服务平台，提供数据存储、处理和分析的公共服务，减轻单个企业的信息技术基础设施投入。

加强技术研发也是必不可少的，政府应增加对交通运输领域数字化技术研发的财政投入，设立专项基金支持关键技术的研究和应用等。同时，鼓励企业与高校和研究机构合作，共同开发新技术、新产品，提高自主创新能力。

政策扶持是推动智能技术应用不可或缺的一环。政府应出台相应政策，鼓励和引导交通运输行业的数字化升级，如提供税收减免、财政补贴等优惠政策，降低企业的数字化转型门槛。此外，加强行业标准和规范的制定，为数据要素应用提供法律和技术框架，保护数据安全和用户隐私。

5.3.2　微观层面发展难点的数字要素解决方案

随着我国交通运输体系的不断发展，各个细分领域在实现现代化、智能化和可持续发展过程中面临诸多挑战。针对这些挑战，提出相应的解决方案显得尤为重要。铁路、公路、水路和航空运输领域的优化措施不仅能提升运输效率和服务质量，还能有效应对环境保护和安全管理等问题。

1. 铁路运输解决方案

为提升铁路运输的准点率，可以采用高精度全球定位系统和大数据技术对列车运行状态进行实时监控和预测，优化列车调度方案，减少由于设备故障和天气变化等因素引起的延误。通过智能化铁路网络管理系统优化资源配置，提高运输能力。利用物联网技术监控设备状态进行精细化管理，并运用大数据分析优化人力资源配置，以降低运营成本。此外，加强自主技术研发，促进企业与高校、研究机构合作，提升铁路运输技术水平和服务质量。

2. 公路运输解决方案

公路运输领域的发展需要通过数字化转型整合分散的运输资源，提升服务效率。建立全面的公路运输监管系统，利用大数据和云计算提高管理效率和透明度。利用客户关系管理系统收集用户反馈，不断优化服务。为实现绿色低碳转型，鼓励使用新能源车辆，并通过智能交通系统减少交通拥堵，降低环境污染。

3. 水路运输解决方案

针对水路运输基础设施建设与维护成本高的发展难点，可采用公私合作（public-private partnership，PPP）模式吸引私有资本参与港口和航道基础设施的建设与维护。同时，推广使用清洁能源和高效节能的船舶，通过智能监控系统监测船舶排放，保护水路运输环境。更新船舶技术，利用船舶管理系统提升运营效率和安全水平，确保水路运输的可持续发展。

4. 航空运输解决方案

通过大数据分析预测航线需求，优化航班计划和票价策略等措施，提高航空运输运力利用率，解决运力不足问题。加强安全管理，建立综合安全管理系统，集成监控、预警、应急响应功能，提高航空运输的安全管理水平。通过数据分析调整业务策略，提高服务质量和效率，提高航空公司的市场竞争力。加大航空器新技术研发投入，提升航空运输技术水平和竞争力。

5.4 具体案例展示

案例一：滴滴出行——数据要素打造智慧交通

1. 背景与挑战

随着信息技术的快速进步和智能化水平的不断提升，数据要素已经成为推动现代社会各行各业发展的关键动力。特别是在交通运输领域，数据要素的广泛应用引发了深刻的行业变革。作为我国领先的共享出行平台，滴滴出行充分利用数据要素，有效地改善了用户的出行体验，显著提高了服务的质量与运营效率。

滴滴出行（图 5.3）自诞生以来，就面临着激烈的市场竞争和不断变化的用户需求。如何快速匹配乘客与司机、优化出行路线、提升服务质量，成为滴滴出行必须面对的挑战。随着城市交通拥堵问题的日益严重，如何降低出行成本、提高出行效率，也成为滴滴出行需要解决的重要问题。

图 5.3　“滴滴出行”打车平台

2. 数据要素解决方案

为了应对这些挑战，滴滴出行积极引入数据要素，通过收集和分析海量的出行数据，为平台提供智能决策支持。具体来说，滴滴出行的数据要素解决方案主要包括以下几个方面。

（1）数据收集与整合。

滴滴出行通过其庞大的用户群体和车辆网络，实时收集乘客的出行需求、司机的行驶轨迹、路况信息等多维度数据。同时，滴滴出行还与多家数据提供商合作，获取更丰富的外部数据资源。这些数据经过清洗、整合后，形成一个庞大的数据仓库，为后续的数据分析提供了坚实的基础。

（2）数据挖掘与分析。

在数据仓库的基础上，滴滴出行运用先进的数据挖掘和分析技术，对出行数据进行深度挖掘。通过对乘客的出行习惯、司机的行驶偏好、路况的实时变化等进行分析，滴滴出行能够精准预测出行需求和趋势，为平台的调度和决策提供依据。

（3）智能匹配与调度。

基于数据分析的结果，滴滴出行实现了乘客与司机的智能匹配。平台能够根据乘客的出行需求、司机的行驶状态及路况信息，实时为乘客推荐最合适的司机和车型，提高匹配效率和成功率。同时，滴滴出行还通过智能调度系统，对车辆进行动态调整，优化出行路线和减少空驶率，提高了车辆的使用效率。

（4）预测与优化。

除了实时匹配和调度，滴滴出行还利用大数据进行预测和优化。通过对历史数据的分析，滴滴出行能够预测未来的出行热点和高峰时段，提前进行车辆和人员的调配。同时，滴滴出行还通过算法优化出行路线，避开拥堵路段，提高出行效率。

（5）安全问题解决。

针对安全问题，滴滴出行采用了一系列高科技措施来保障乘客和司机的安全。这包括自然语言处理、语音识别和人脸识别等技术的应用，不仅在乘客上车前对司机进行严格的身份验证，还能在整个行程中实时监控，确保乘客安全。此外，滴滴出行还建立了紧急求助系统，一旦发生紧急情况，乘客可以快速联系客服或报警，从而大大提高了网约车服务的安全系数。

3. 实际应用效果

滴滴出行通过引入数据要素，实现了对出行资源的优化配置和高效利用，取得了显著的实际应用效果。

（1）提升匹配效率与成功率。

通过智能匹配系统，滴滴出行成功提高了乘客与司机的匹配效率和成功率。乘客能够更快速地找到合适的车辆和司机，减少了等待时间；司机也能够更高效地接到订单，提高了工作效率。据统计，引入大数据匹配系统后，滴滴出行的订单匹配率得到了显著提升。

（2）降低空驶率与成本。

智能调度系统的应用使得滴滴出行的车辆资源得到了更加合理的利用。通过实时调整车辆分布和行驶路线，平台成功降低了车辆的空驶率，减少了运营成本。同时，预测与优化算法的应用也进一步提高了车辆的运行效率，为滴滴出行带来了更多的经济效益。

（3）提升用户体验与满意度。

通过优化出行体验和提升服务质量，滴滴出行成功吸引了更多用户。智能匹配和调度系统使得乘客的出行更加便捷、高效，提高了用户满意度。同时，平台还通过大数据分析用户的需求和偏好，为用户提供更加个性化的服务，进一步提升了用户体验。

（4）促进城市交通发展。

滴滴出行利用大数据优化出行体验的做法，不仅提升了自身竞争力，也为城市交通发展作出了积极贡献。通过提高出行效率和降低拥堵程度，滴滴出行有效缓解了城市交通压力，为城市的可持续发展提供了有力支持。

案例二：京东物流——数据要素助力智能仓储物流系统

1. 背景与挑战

京东物流作为电商物流行业的领军企业，面临着海量订单处理、快速配送及成本控制等多重挑战。传统的仓储与配送模式往往存在效率低下、成本高昂及错误率高等问题，难以满足日益增长的订单需求。因此，京东物流亟须引入新技术，提升仓储与配送的智能化水平，提高运营效率和服务质量。

2. 数据要素解决方案

为了应对这些挑战，京东物流积极将数据要素与实体仓储相结合，形成物联网，通过搭建智能化的仓储与配送系统，实现对货物、设备、人员等各环节的全面监控和智能化管理。图5.4展示了京东物流自主研发的智能仓储拣选系统——天狼智能仓储拣选系统，它由多种自动化设备、软件系统组合而成，可以解决目前仓储物流行业存储能力不足、出入库效率不高等痛点，并缓解仓储占地及人力问题。

具体来说，京东物流的数据要素解决方案主要包括以下几个方面。

（1）货物识别与追踪。

京东物流在仓库内引入了射频识别（radio frequency identification，RFID）技术，为每一件货物贴上RFID标签。这些标签能够实时记录货物的位置、数量、状态等信息，并通过无线信号传输到中央管理系统。同时，仓库内还部署了大量的读写器和传感器，用于实时读取RFID标签的信息，实现对货物的精准识别和追踪。

图 5.4 天狼智能仓储拣选系统

（2）智能仓储管理。

基于物联网技术，京东物流实现了对仓库内货物的智能化管理。通过收集和分析货物的位置、数量、状态等信息，系统能够自动进行货物的入库、出库、盘点等操作，减少了人工干预和错误率。同时，系统还能根据货物的属性和需求，自动调整货物的存储位置和布局，提高了仓库的利用率和货物周转率。

（3）自动化配送。

在配送环节，京东物流引入了无人车、无人机等智能配送设备。这些设备通过搭载物联网技术，能够实时接收中央管理系统的指令，自主完成货物的装载、运输和卸载等操作。同时，系统还能根据实时路况和订单需求，自动规划最优配送路线，提高了配送效率和准时率。

（4）数据分析与优化。

京东物流通过物联网技术收集了大量的仓储与配送数据，包括货物的流动情况、设备的运行状态、人员的作业效率等。通过对这些数据进行深度挖掘和分析，京东物流能够发现运营中的瓶颈和问题，为优化决策提供有力支持。同时，系统还能根据历史数据和预测模型，提前预测未来的订单需求和变化趋势，为资源的合理配置和调度提供依据。

3. 实际应用效果

京东物流通过引入数据要素，实现了智能仓储与配送的转型升级，取得了显著的实际应用效果。

（1）提升仓储效率与准确性。

通过 RFID 技术和智能仓储管理系统的应用，京东物流实现了对货物的精准识别和追踪，减少了人工盘点和查找的时间。同时，系统还能自动进行货物的入库、出库等操作，降低了人为错误率。在同一库区，可实现完税商品与保税商品自动存取，有效提升仓储管理能力，提高仓储运营效率。根据分析对比，京东物流助力亿安仓节省 10000 平方米以上仓储面积，提升拣选效率 80%，提升作业效率 230%，提升拣货准确率至 99.99%。在大幅提升拣选效率的同时，有效降低人员作业强度，解决了复杂仓储作业环境下的自动化升级改造难题，打造全新智能仓储模式，从而助力亿安仓逐渐实现产业供应链现代化。

（2）降低运营成本与风险。

完备的数据采集使得京东物流能够实时监控货物的状态和位置，及时发现并处理异常情况，降低了货物损失和破损的风险。同时，通过优化存储位置和布局，提高了仓库的利用率和货物周转率，降低了库存成本。此外，自动化配送设备的引入也减少了人力成本，提高了配送效率。

（3）提升用户体验与满意度。

智能仓储与配送的实现，使得京东物流能够更快速地处理订单、更准确地配送货物，提升了用户体验和满意度。2020 年，京东物流助力京东平台约 90% 的线上零售订单实现当日和次日达，客户体验持续领先行业。同时，系统还能根据用户的偏好和需求，提供个性化的配送服务，增强了用户的黏性和忠诚度。

（4）促进物流行业的创新发展。

京东物流的智能仓储与配送技术的革新，不仅提升了自身的竞争力，也为整个物流行业树立了创新发展的典范。其成功经验和技术成果可以为其他物流企业提供借鉴和参考，推动整个行业的智能化、高效化进程。

京东物流通过引入数据要素，成功实现了智能仓储与配送的转型升级，提升了物流效率和用户体验。这一案例充分展示了数据要素在物流领域的巨大潜力和价值。未来，随着数据要素的不断发展和完善，相信京东物流将继续深化其在智能物流领域的应用和创新，为电商物流行业的发展注入新的活力。

案例三：华为智能铁路——数据要素助力铁路行业智能化转型

1. 背景与挑战

铁路是国家战略性、先导性、关键性重大基础设施，是国民经济大动脉、重大民生工程和综合交通运输体系骨干，在经济社会发展中的地位和作用至关重要。随着高铁网络的不断扩展和列车运行密度的增加，高铁调度系统面临着前所未有的挑战。传统的调度系统往往依赖于人工操作和经验判断，存在调度效率低下、运行误差较大等问题，难以满足高铁运行的高安全性和高效率性要求。因此，开发一套能够实现精准运行控制的高铁调度系统，成为当前高铁发展的迫切需求。华为作为全球领先的信息通信技术解决方案供应商，凭借其强大的技术实力和丰富的行业经验，在铁路行业数据要素转型中发挥了重要作用。华为提出的智能铁路解决方案构建了铁路行业的"智能应用""智能中枢""智能联接""智能交互"系统，基于全方位的数据采集、分析，在智能建造、智能装备、智能运营、智能运维、智能服务等方面推进技术和管理创新，从而实现铁路的智能运营管理和决策，让铁路运输更加安全、高效、便捷、舒适、环保。

2. 数字要素解决方案

为了实现高铁列车的精准运行控制，华为智能铁路采用了先进的技术架构和算法设计。该系统主要包括以下几个关键组成部分。

（1）华为智能铁路 TFDS 解决方案。

TFDS（货车故障轨边图像检测系统，detection apparatus of trouble of moving freight car detection system）利用轨旁高速相机拍摄通过 TFDS 探测站的车辆部件图像，由动态检车员对这些图像逐一分析，识别车辆故障隐患并预警处置。当前，全路每天产生上亿张图像，人工作业工作强度大，时有漏检漏报。因此，急需引入人工智能等技术提升 TFDS 的智能化程度，提高车辆故障分析效率，降低动态检车员工作压力。华为智能铁路 TFDS（图 5.1）解决方案采用华为盘古铁路大模型作为预训练模型基础，将人工智能技术与 TFDS 识别流程进行结合，精准识别 67 种车型的 430 余种故障，关键故障 0 漏报，有效筛除 95%以上无故障图像，大幅提升作业效率。

图5.5 智能铁路TFDS

（2）华为智能铁路周界防护解决方案。

铁路沿线环境复杂，单一技术无法实现高精度检测外部入侵事件，为确保线路运营安全。华为智能铁路周界防护解决方案为场景找技术，通过多维感知、多技术融合、人工智能实现异常入侵高精度检测，并通过实时告警，使巡检效率整体提升50%。针对横穿轨道、沿轨行走等危险行为，采用毫米波雷达与智能摄像机融合技术，通过雷达有效探测200米距离运动目标，联动智能球机自动跟踪目标，进行二次复核，及时告警，实现漏报数量几乎归零，极少误报，不惧风、雨、雪、雾干扰；针对翻越、破坏栅栏等风险问题，采用振动光纤与智能摄像机融合技术，并通过智能感知设备识别入侵事件振动波纹，智能过滤干扰事件，联动智能球机自动跟踪入侵目标，进行二次复核，及时告警，抗大风、暴雨等自然环境强干扰；智能摄像机实时监测落石、泥石流等异物侵袭场景，前端实时分析、云端二次复核，端侧异常上报、云侧持续学习。

（3）华为智能机务解决方案。

机车作为铁路运输的核心生产资料，需要保障机车运用安全、高效检修、整备和调度。机务段是铁路运输系统的行车部门，主要负责铁路机车的运用、整备、检修，以及司机管理工作。华为智能机务解决方案基于大数据和人工智能技术，通过运用无线高速通道，安全、可靠地将机车数据传送给机务段，使能机务业务的全流程自动化，实现数据自主流动与共享、机车故障自动识别、驾驶行为智能分析。华为智能机务实现机务运营修程修制改革创新、强基达标、提质增效和节支降本的目标。核心价值以“快通道、智应用、简流程”手段，实现机务营运“提安全”与“增效益”。

（4）华为智能铁路数据通信网解决方案。

发展交通强国，铁路运输应响应统一调度指挥要求，因此须实现数据共享，网络统一承载，云化发展成为必然趋势。云化带来连接需求增加、网络攻击扩散快、网络防护难、攻击溯源难等问题，因此需要具备云网安联动能力。华为智能铁路数据通信网基于 SRv6、网络分片、随流检测等 IPv6+技术构建的铁路综合数据网，实现了生产、办公等多业务一网承载，专网体验，节约投资的同时，满足客货快速运营、高可靠运营、安全运营的要求。云网安一体的态势感知方案，能够实现智能检测、智能分析、智能运维，让威胁无处藏身。华为智能铁路数据通信网解决方案，让铁路业务变得更智慧、更简单，助力铁路数字化转型成功。

3. 实际应用效果

（1）增强安全保障能力。

华为智能铁路 TFDS 技术和华为智能铁路周界防护的应用使得铁路系统可以实时监测设备状态和列车运行安全情况。一旦发现异常情况，系统可以立即发出预警信号，提醒相关人员及时处理。这不仅降低了事故发生的概率，还提高了事故应对的效率和准确性。借助华为智能铁路 TFDS 解决方案，郑州北车辆段 5T 检测车间作业能力明显提升，相比人工作业，工作效率提高 200%，故障发现率提升至 99.3%，过去 4 人一组用时 15 分钟，如今列均检测用时相比人工节省 4 分钟，大幅减轻了动态检车员的工作强度，同时提升了列车效率，实现铁路智能化作业方式。

（2）提升运营效率。

通过数据要素解决方案的应用，铁路系统实现了信息的实时传输和共享，调度中心可以更加准确地掌握列车运行状态和旅客状况，从而优化列车开行方案和调度计划。

（3）优化旅客体验。

数字要素转型使得铁路系统能够更好地满足旅客的需求。通过大数据分析，铁路部门可以了解旅客的出行习惯和偏好，提供更加个性化的服务。同时，实时信息传输也使得旅客能够更加方便地查询列车时刻、座位信息等，提升了旅客的出行体验。

5.5 本章小结

数据要素正成为推动交通运输行业发展的关键力量。随着数字要素转型的深入，交通运输行业将更加注重构建数字化生态系统，实现数据、技术、服务的深度融合，推动行业全面升级和可持续发展。通过深度挖掘和应用数据要素，交通运输行业不仅能够解决现有的运营挑战，还能够把握未来发展的新机遇，实现更加安全、高效、绿色、智能的运输服务，为社会经济的持续健康发展作出更大贡献。

本章深入探讨了滴滴出行、京东物流和华为智能铁路 3 个案例。通过案例我们能够更加全面地认识到数据要素如何在交通运输行业中发挥其独特而强大的作用。这些案例不仅展示了数据要素在提升效率、降低成本、增强安全等方面的显著成效，而且还指明了数据技术在推动行业创新和改善用户体验方面的巨大潜力。从这些案例中，我们可以总结出数据与交通运输结合的深刻启示，并展望未来的发展趋势。

第 6 章

数据要素 × 金融服务

在数字化时代，数据要素成为推动金融服务转型升级的重要力量。本章将围绕金融服务的发展情况与政策、目前发展难点，以及数据要素如何赋能金融服务展开深入探讨，并通过具体案例展示数据要素在金融服务领域的创新应用。

6.1 金融服务发展情况与政策介绍

6.1.1 我国金融业的蓬勃发展与深刻变革

当前，我国金融服务的发展呈现出蓬勃的态势，市场规模持续扩大，增长势头强劲。金融业增加值作为衡量金融服务发展的重要指标，近年来占国内生产总值（gross domestic product，GDP）的比重逐年上升。1995—2019 年世界主要经济体金融业增加值占 GDP 比重如图 6.1 所示。2023 年我国金融业在 GDP 中的贡献接近 8%的份额，而经济合作与发展组织成员的平均值为 4.8%，欧盟成员的平均值为 3.8%。这一数据反映出我国金融业相较于其他国家有着更为强劲的发展态势，同时也暗示着金融业在支持实体经济方面仍存在较大的让利空间。

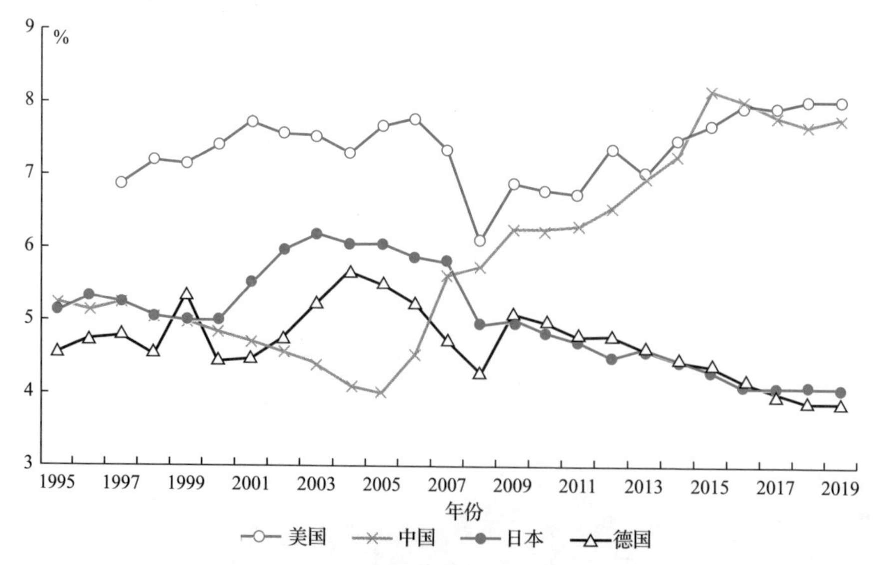

图 6.1 1995—2019 年世界主要经济体金融业增加值占 GDP 比重

根据国家统计局发布的数据（图 6.2），我国金融业在 1979 年至 2007 年间取得了显著的增长，增加值在此期间增长了 30 倍，在 GDP 中所占的比例也从最初的 1.9%稳步提升至 4.4%。这一增长趋势不仅彰显了金融业在国内经济中的重要地位，也反映了我国金融体系的不断深化和日益成熟。2010 年至 2020 年间，我国金融业的发展速度进一步加快。2014 年，金融业增加值占 GDP 的比重实现了跳跃式增长，从 2013 年的 5.89%大幅跃升至 7.37%，这一变化凸显了金融业在推动经济发展中的关键作用。至 2015 年，我国金融业增加值占 GDP 的比重更是达到了 8.4%的高点。然而，金融业的发展并非一帆风顺。2016 年至 2018 年间，我国金融业增加值占 GDP 的比重连续三年出现下降，2018 年降至 7.7%。但随后在 2019 年，这一比重回升至 7.8%，表明金融业在经历了短暂调整后，依然保持稳健的发展态势。自 2020 年以来，我国金融业增加值占 GDP 的比重总体呈现回升趋势，到 2022 年，达到了 8%，再次证明了我国金融业的强大韧性和发展潜力。

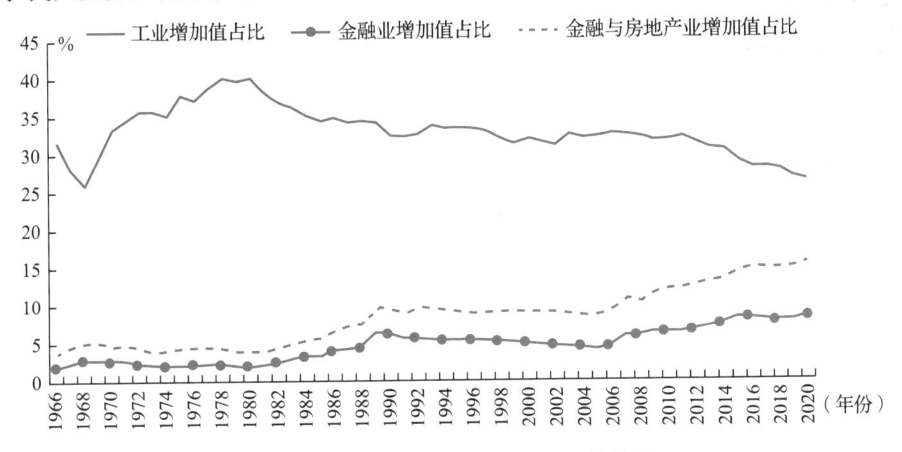

图 6.2　我国行业增加值占 GDP 的比例

从 1979 年至 2022 年，我国金融业也经历了深刻的变革和转型升级，其内部结构、业务模式及市场格局都发生了显著变化。

（1）金融业的内部结构逐渐优化。

过去，银行在金融业中占据绝对主导地位，但随着资本市场的发展，证券、保险、信托等非银行金融机构逐渐崛起，形成了多元化的金融业态。这些非银行金融机构的快速发展，不仅丰富了金融市场的产品和服务，也为实体经济提供了更加多样化的融资渠道。

（2）金融业的业务模式不断创新。

传统的存贷业务仍然是银行的重要收入来源，但随着金融科技的发展，互联网金融、移动支付等新兴业态不断涌现，为金融业带来了全新的商业模式和盈利空间。这些新兴业态不仅提高了金融服务的效率和便捷性，也为金融机构带来了新的增长点。

（3）金融业的市场格局也发生了变化。

随着市场竞争加剧，金融机构之间的差异化竞争逐渐凸显。一些具有创新能力和市场敏锐度的金融机构通过差异化定位和服务创新，逐渐在市场中脱颖而出。此外，随着金融开放程度的提高，外资金融机构也逐渐进入中国市场，与国内金融机构展开竞争与合作，进一步推动了我国金融业的市场化进程。

（4）金融业的监管体系不断完善。

随着金融风险的积累和暴露，监管部门对金融业的监管力度逐渐加强，形成了一套相对完善的监管体系。这一体系规范了金融机构的行为，保护了消费者的权益，为金融业的健康发展提供了有力保障。

上述这些变化不仅推动了金融业的快速发展，也为实体经济提供了更加全面、高效的金融服务。

6.1.2 我国金融业稳健高效发展的政策展望

我国金融服务将聚焦多个核心领域，集中力量推进各项政策举措，旨在优化金融生态环境、加大对关键领域的扶持力度、有效预防和化解潜在风险、深化改革开放，并积极融入国际金融治理合作，共同推动金融业的稳健和可持续发展。

（1）稳健的货币政策将持续发挥基石作用，为实体经济的稳定增长提供适度且精准有效的支持。

2023 年，通过逆周期调节、精准调整存款准备金率和政策利率，以及引导金融机构维持信贷总量与节奏的平衡，我国取得了显著的经济成果。2024 年，将进一步整合并灵活运用多种货币政策工具，确保流动性保持在合理充裕的水平。同时，将特别关注优化信贷结构，强化对民营企业和小微企业的金融支持，全面落实金融支持民营经济的各项措施，从而进一步提高金融服务实体经济的效率和效能。

（2）金融对重大战略、重点领域及薄弱环节的支持将更为有力。

2023 年，货币政策在推动经济结构调整与转型升级方面取得了显著成效，未来将继续深挖货币政策工具的总量和结构效能，并积极推动工具创新，尤其是在科技金融、绿色金融、普惠金融、养老金融和数字金融这五大关键领域加大资源投入，以实现更为精准和高效的金融支持。

（3）防范化解金融风险仍是金融工作的重中之重。

尽管当前金融风险总体可控，但仍需加强风险监测、预警和评估能力建设，确保金融机构稳健经营、金融市场平稳运行。我国将推动建立风险处置责任机制，按市场化、法治化原则，稳妥有效地化解重点领域和机构的风险，并不断完善金融安全网，推动金融稳定立法进程。

（4）金融改革开放持续深化。

我国将持续深化金融改革开放，全力打造规范、透明、开放、活力与韧性并存的金融市场，进一步优化融资结构、市场及产品体系，以提升融资服务的质量和效率。同时，征信与支付市场的健康发展也将得到进一步推动，为金融市场的创新提供坚实支撑。我国还将坚定推进金融业高水平开放，深化制度型开放，并有序推动人民币国际化进程。

（5）积极参与国际金融治理。

我国将积极参与国际金融治理，深化国际合作，秉持多边主义原则，加强对话沟通，依托国际平台推动全球宏观经济金融政策的协调。

综上所述，我国金融服务政策将围绕稳健的货币政策、对重点领域的支持、风险防范、改革开放及国际合作等多个维度展开，旨在构建一个更加稳健、开放且高效的金融体系，为实体经济的稳健和持续发展提供坚实保障。

6.2　金融服务目前发展难点

金融是国民经济的血脉，承担着资金融通、风险管理和服务实体经济的重任。随着全球经济的深刻变革和科技的迅猛发展，金融服务正面临着前所未有的挑战和难点。

6.2.1　宏观层面发展难点

1. 消费市场需求收缩

从宏观层面分析，消费市场需求收缩是金融服务面临的一个显著的问题。受新冠疫情影响，全球经济遭受重创，各国经济增长普遍放缓，消费者信心受到严重打击，市场需求大幅减少。同时，由于国际贸易环境的不确定性和地缘政治风险的增加，企业投资意愿下降，对金融服务的需求也相应减少。根据国家统计局发布的数据，2022 年消费在 GDP 中的贡献率为 32.8%，出口贡献率为 17.1%，投资贡献率为 50.1%。而 2021 年消费在 GDP 中的贡献率高达 65.4%，出口贡献率为 20.9%，投资贡献率为 13.7%。从这组数据可以看出，消费市场需求收缩明显，对宏观经济的稳定和发展带来了不利影响。

2. 金融市场化挑战与机遇并存

金融市场化则是金融服务面临的另一个重要挑战。近年来，随着市场化进程的推进，市场准入条件逐渐放宽，金融业的准入门槛有所降低，这为各类经营实体提供了更广阔的发展空间。在这一背景下，基金、保险、信托及互联网金融等机构涌现，它们与传统金融机构共同构成了多元化的资金供给主体。特别是互联网金融业的崛起，对传统金融业造成了很大的冲击，进一步加剧了供给端的压力。金融市场化虽然给市场带来了活力和创新，但也在一定程度上增加了市场的复杂性和不确定性。一些新兴金融机构缺乏足够的风险管理经验和抗风险能力，容易引发金融风险事件。这些风险事件一旦爆发，会对宏观经济产生影响，甚至引发系统性金融风险。金融市场化使得资金流动更加灵活和快速，但也更容易受到市场情绪的影响。当市场出现恐慌或过度乐观情绪时，资金可能会迅速撤离或涌入市场，导致资产价格大幅波动。这种波动不仅会对金融市场造成冲击，还可能通过传导机制影响实体经济。

6.2.2 微观层面发展难点

1. 金融数据安全威胁

在金融服务领域，随着数字化进程的加速，网络安全威胁日益增多。分布式拒绝服务（distributed denial of service，DDoS）攻击已成为金融应用程序的主要问题之一。2023 年数据显示，金融服务行业在 DDoS 攻击次数排名中位居首位，Web 应用程序和 API 的攻击次数也持续保持在第三位。与 2022 年第二季度相比，2023 年第二季度针对金融服务的 Web 应用程序与 API 攻击数量激增了 65%，18 个月内攻击次数高达 90 亿次。这一现象的背后是网络犯罪团伙的积极活动，他们利用零日漏洞和一日漏洞进行初始入侵，凸显了账户接管等攻击的风险，以及金融服务聚合商所带来的潜在威胁，对客户及其数据安全构成了持续挑战。

2. 基层金融体系风险暴露

基层金融体系存在风险也是金融服务发展中面临的问题。一些基层金融机构存在违规操作、非法集资等行为，严重损害了金融市场的秩序和投资者的利益。2018 年至 2021 年，我国处理了 627 家高风险的农村金融机构问题，处置的不良贷款总额达到了 2.6 万亿元。据中国人民银行发布的《中国金融稳定报告（2023）》披露，2020 年第四季度至 2022 年第四季度，中国人民银行共开展 9 次银行风险监测预警工作，累计识别预警银行 413 家次，在机构类型方面，以村镇银行和农村商业银行为主，合计 295 家次，占比为 71%。这敲响了基层中小银行风险管理的警钟，凸显了其紧迫性和重要性。为了解决这个问题，金融监管部门需要加强对基层金融机构的监管力度，完善监管制度和执法机制，确保金融市场的健康稳定发展。

6.3　数据要素赋能金融服务

6.3.1　数据要素应对消费需求收缩与推出个性化服务

在新冠疫情的冲击下，全球经济遭遇重创，人们的消费需求出现显著收缩。即使目前我国正从消费疲软的境况中逐步恢复，但拉动需求、刺激消费仍是当前政府的重点工作。数字要素赋能金融服务正成为刺激消费、稳定经济的重要力量。在这一过程中，数据的价值被空前放大，成为推动金融创新和优化金融服务的关键要素。

利用大数据和人工智能技术，金融机构能够精准分析消费者需求变化。当今消费者的消费习惯、风险偏好和支付能力都发生了深刻变化。通过收集和分析海量的消费数据，金融机构能够洞察这些变化，进而为消费者提供定制化的产品和服务。例如，针对消费者对于线上购物、无接触支付等需求的增加，金融机构可以推出更加便捷的移动支付和线上贷款产品，满足消费者的需求。数字化渠道为金融服务拓宽了覆盖范围，降低了服务门槛。通过移动应用、线上平台等数字化渠道，金融机构能够将服务延伸到更广泛的人群和地区，打破地域限制，让更多人获得便捷的金融服务。促进了金融服务的普惠化。此外，结合政府政策和市场情况，金融机构可以推出针对性的金融扶持措施。金融机构可以利用数据优势，结合政策导向和市场变化，为重点扶持行业和企业提供精准的金融支持。例如，为有资金困难但也有发展潜力企业提供低成本的融资服务，帮助企业渡过难关。金融机构也可以为消费者提供优惠的信贷产品，以刺激消费，推动经济恢复。

6.3.2　数据要素强化风险管理与市场稳健新路径

随着金融市场开放程度和市场化程度的日益提升，市场的复杂性和不确定性也相应增加。新兴金融机构和互联网金融企业的崛起，为市场注入了活力，但也带来了更大的风险。

利用区块链技术可以显著提高金融交易的透明度和可追溯性，从而降低信息不对称风险。区块链技术以其去中心化、不可篡改的特性，为金融交易提供了更加安全、可靠的记录。通过区块链，每一笔交易都可以被完整、真实地记录下来，并且可以被所有参与者共同验证。这使得市场参与者能够准确地了解交易对手和交易本身的风险状况，有助于减少欺诈和操纵市场的行为。建立智能风控系统是数字要素赋能金融服务的重要体现。运用机器学习等先进技术，智能风控系统可以对金融市场进行实时监测和预警，及时发现并处置潜在风险。智能风控系统能够分析大量的交易数据、市场信息和用户行为，从中捕捉到风险信号和识别出风险模式，为金融机构提供精准的风险评估和管理建议。加强与监管机构的合作也是数字要素赋能金融服务的重要部分。利用数字化手段，监管机构可以提升监管效能，确保金融市场的稳健运行。监管机构还可以通过收集和分析金融机构的交易数据、风险指标等信息，对市场进行更加全面、深入地监控。同时，数字化技术还可以帮助监管机构实现更加高效的信息共享和协作，提高监管的及时性和准确性。这有助于构建一个更加安全、稳定的金融市场环境，保护投资者的合法权益，维护宏观经济的稳定。

6.3.3 数据要素加强数据加密与多层次防御策略

随着金融业务的数字化和网络化进程不断加速，金融应用程序已成为金融服务的重要组成部分。然而，随之而来的网络安全威胁也日益增多，其中DDoS攻击已成为金融应用程序面临的一大挑战。DDoS攻击通过大量无效请求堵塞目标系统，导致正常用户无法访问或使用服务，对金融业务的连续性和稳定性构成严重威胁。在这一背景下，加强金融应用程序的安全防护显得尤为重要。

金融平台存储着大量的敏感数据，如用户身份信息、交易记录等，一旦泄露或被篡改，将给用户和金融机构带来巨大的损失。因此，采用高级的加密算法和安全协议，对传输和存储的金融数据进行加密处理，以确保数据的机密性和完整性。建立多层防御体系是防止黑客攻击金融应用程序的重要措施。这包括在应用程序的入口和出口设置防火墙以过滤恶意流量和攻击请求，部署入侵检测系统以实时监测和识别潜在的攻击行为，建立安全审计机制对应用程序的访问和操作进行记录和分析。通过这些多层次的安全防护措施，可以大大提高金融应用程序的防御能力，降低遭受攻击的风险。定期进行安全漏洞扫描和风险评估是确保金融应用程序安全性的必要环节。随着技术的不断进步和黑客攻击手段的更新，金融应用程序可能存在未知的安全漏洞和隐患。通过定期的安全漏洞扫描和风险评估，可以及时发现并修复这些潜在问题。同时，对扫描和评估结果进行深入分析，有利于金融机构制定有针对性的改进措施，进一步提升金融应用程序的安全性。面对日益增多的网络安全威胁，加强金融应用程序的网络安全防护至关重要。在数据要素赋能金融服务的道路上，必须高度重视网络安全问题，以确保金融服务的安全、可靠和高效。

6.3.4 数据要素助力基层监管与提升市场透明度

在金融服务快速发展的今天，一些基层金融机构存在违规操作、非法集资等行为。这些行为不仅破坏了金融市场的公平竞争环境，也影响了市场的稳健运行和投资者的信心。因此，加强基层金融机构的监管和审计，确保业务合规，是数据要素赋能金融服务的重要任务。

数字化手段在加强基层金融机构监管方面发挥着关键作用。通过运用大数据、人工智能等先进技术，监管机构可以实现对基层金融机构的实时监控和数据分析。监管部门可以收集并分析金融机构的交易数据、客户信息、业务运营情况等关键信息，及时发现异常交易和违规行为。同时，数字化审计工具可以自动对金融机构的财务报表和业务流程进行审查，提高审计的效率和准确性。除了加强监管，建立信用评价体系也是提升市场透明度的重要举措。通过对金融机构进行信用评级和分类管理，可以为投资者提供更加清晰、准确的金融机构信用信息。信用评价体系可以综合考量金融机构的资产质量、盈利能力、风险管理能力等方面，为投资者提供全面的评估结果，有助于投资者更好地了解金融机构的风险状况和经营实力，作出更加明智的投资决策。同时，建立信用评价体系还可以促进金融机构之间的良性竞争，推动整个行业的健康发展。然而，仅仅依靠监管和信用评价体系是不够的，政府还需要加强金融知识普及和投资者教育。通过普及金融知识，提高公众对金融风险的认识和防范能力，减少因缺乏金融知识而导致的投资损失和风险事件。投资者教育可以通过举办讲座、编写教材、制作宣传片等多种方式进行，让更多的人了解金融市场的运作规则和风险特点。这有助于提升整个社会的金融素养水平，为金融市场的稳健发展奠定坚实基础。

综上所述，数据要素赋能金融服务在强化基层监管和提升市场透明度方面发挥着重要作用，能够有效遏制基层金融机构的违规操作行为，维护金融市场的秩序和投资者利益，推动金融服务的健康发展。

6.4 具体案例展示

案例一：数据与技术驱动数字化 2.0——工商银行

1. 案例背景

我国银行业历经了以电子化和信息化为主导的数字化 1.0 阶段，这一阶段主要运用数字技术推动业务进步。如今，银行业已迈入数字化 2.0 的新纪元，这一阶段以智能化和开放化为核心。在数字化 2.0 阶段，数据和技术成为推动银行业发展的双重驱动力。在数字经济的大潮中，工商银行正迅速向数字化 2.0 阶段迈进，并全力推进数字金融的建设工作。在实践中，工商银行提出了“135”新数字化战略（图 6.3），旨在进一步升级“数字工行”品牌。工商银行以“数据、技术”为两大核心驱动力，利用数字技术引领全方位的变革，并在战略规划、组织保障、资源投入及科技能力建设等多个关键领域取得了显著成效。

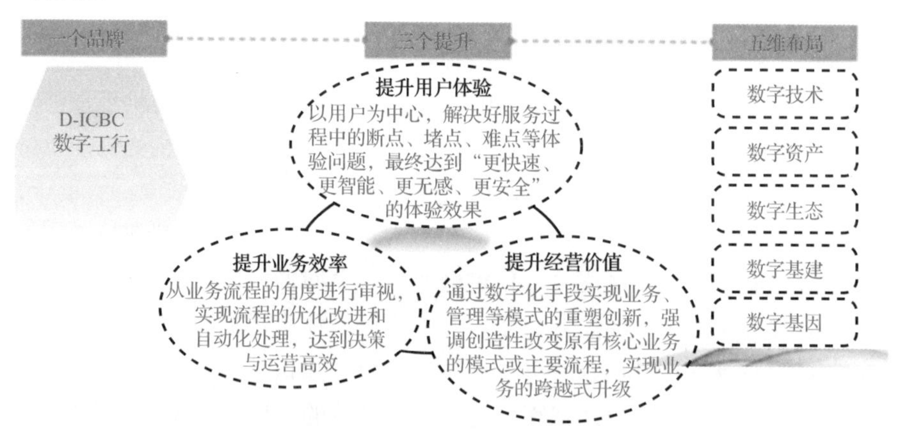

图 6.3 工商银行的“135”新数字化战略

2. 数据要素解决方案

为了全面贯彻数字化转型的战略布局，“135”新数字化战略的建设工作主要从数字营销领域、数字产品方面、数字运营领域和数字风控方面四大维度展开，并持续深化 D-ICBC 品牌形象。

（1）数字营销领域。

工商银行显著增强了数字化营销能力，智慧大脑部署策略数量实现了 91%

的同比增长，拓展了13类渠道触点，成功触达超过1.5亿客户。资产类产品销售额同比实现了1.67倍的增长。此外，工商银行还推出了手机银行8.0版本，特别设置了新市民、养老金等专版专区，以满足不同客户的需求。同时，工商银行积极推进商户营销工程，紧抓促消费的机会，创新推出了“商户营销二维码”的批量和远程获客新模式，商户规模已突破1000万户。

（2）数字产品方面。

工商银行推出了开放式财富社区，首批引入了24家资管机构，吸引了超过1000万的社区粉丝。工商银行构建了“产业＋金融”的数字共同体，建设了司库管理系统，并对工银聚融、聚链、聚富通等数字金融服务平台进行了升级，以更好地服务实体经济。此外，工商银行搭建了工银安心资金监管平台，纳管的资金超过了3300亿元。同时，工商银行推出了全新的e生活，优化了“大生活”生态运营，月活跃用户超过了1221万户。在数字普惠产品方面，工商银行推出了商户贷、种植e贷等创新产品，全行数字普惠贷款占全部增量的比例达到了90%。此外，工商银行还建设了智慧贸易金融场景，与海关共同组建了贸易金融联合创新实验室，工银全球付海外直通支付服务已服务于万家跨国集团企业。

（3）数字运营领域。

工商银行成功打造了“云工行”数字空间，推出了“远程办”等服务，为1.2亿客户提供了数字化陪伴式服务。工商银行推出了“工晓伴”“工小智”等数字员工，通过新技术替代了1.8万人年的工作量。同时，工商银行加快了运营新模式的打造，深化了机器人流程自动化（robotic process automation，RPA）等新技术在46类场景的应用，推广了网点现金运营新模式及现金循环处理设备，使得网点日均耗时减少了30分钟。

（4）数字风控方面。

工商银行持续升级了融安e信、融安e防、融安e控、融安e盾等系列风险防控产品。工商银行创新了智能信贷审批新模式，构建了“云审批”体系，推进了法人大户的“云会诊”。此外，工商银行还加强了卫星遥感等技术的应用，加快了监测模型的部署，显著提升了识别的准确率。为了进一步强化风险管理，工商银行还加强了对境外机构及非银子公司的穿透管理，推进了综合化子公司数据入湖以及全集团联动的监测预警工作。

3. 实际应用效果

工商银行的“135”新数字化战略不仅体现在品牌形象升级、用户体验与业务效率优化、经营价值增强等方面，更推动了工商银行的数字化转型与生态构建，提升其在数字经济时代的核心竞争力。

（1）品牌形象升级。

通过实施“135”新数字化战略，工商银行成功塑造了 D-ICBC 这一鲜明品牌，进一步提升了其在数字金融领域的领导地位。

（2）用户体验与业务效率优化。

工商银行通过数字化手段显著提升了用户体验，同时优化了业务效率。例如，通过智慧大脑部署策略数量的增长和渠道触点的拓展，工商银行触达了更多客户，资产类产品销售额也实现了大幅增长。

（3）经营价值增强。

工商银行推出的数字普惠产品和创新服务不仅满足了客户的多样化需求，也有效提升了银行的经营价值。

（4）数字化转型与生态构建。

工商银行通过政务、产业、消费三端协同发力，成功构建了政府、企业、消费者（government, business, consumer，GBC）端数字生态，推动了数字化转型与生态构建的深度融合。这种生态构建有助于工商银行更好地融入数字经济大潮，实现与各行业的共赢发展。

（5）风险控制能力提升。

在数字风控方面，工商银行通过升级风险防控产品和创新智能信贷审批新模式，有效提升了风险控制能力，为银行业的稳健发展提供了新方案。

案例二：底层数据“图谱数”[①]实现关系穿透及风险识别——中证数智

1. 案例背景

当前，我国资本市场已构建了一整套信息披露机制，旨在向投资者提供基础风险信息。然而，随着风险管理的日益细化，传统风险评估在信息收集与分析的广度、速度和深度方面均显露出不足。在市场和监管的双重压力下，金融机构纷纷采取行动，建立起了信用风险管理系统。这些系统不仅整合了外部风险数据，还结合了内部业务数据，共同构建了一个风险数据集市，以应对日益复杂多变的风险挑战。

2. 数据要素解决方案

“图谱数”通过整合和处理多种来源的底层数据资源，提供了全面的企业信息和金融数据支持。其底层数据资源包括国家市场监督管理总局授权的工商企业信息，涵盖企业基本信息、股东详情和高管构成等核心数据。同时，

① “图谱数”广泛涵盖了投融资、供应链上下游合作等丰富的企业知识图谱数据，可灵活应用于风险传导、投资等多种业务场景。

整合了中证特有的主体数据，如上市公司的详细财务数据、股权结构分析，以及与债券、公私募基金等金融产品相关的数据。此外，该产品覆盖了证监会、国家金融监督管理总局、各大交易所等 20 余类超过 800 家监管及行政处罚机构的信息。在司法数据方面，纳入了来自裁判文书网、中国庭审公开网等国家级权威司法监管机构及官方披露网站的数据，包括法律诉讼记录和执行人信息。为了提高非结构化数据的可用性，中证数智应用了先进的自然语言处理技术，将关键字段转化为结构化数据。

在数据处理方面，中证数智采用了自主研发的多源数据整合技术，确保数据的一致性和互通性。通过分配独一无二的中证 ID，实现了高达 99%的覆盖率，并确保数据模块间主体拉通率达到 90%以上。在企业识别数据方面，覆盖了超过 1 亿家的工商企业主体；在个人识别数据方面，覆盖了约 1.4 亿的工商企业关键决策人员。基于业界领先的 Neo4j 图形数据库技术，中证数智成功构建了资本市场的企业知识图谱数据。该图谱包含企业、个人和金融产品三种主要节点类型，总计达到 2 亿个节点，定义了控制力关系、经营关系、产品关系、个人关系和司法关系等 18 类关联关系，形成了超过 3 亿对的复杂关系网络。此外，该产品支持多种关系的无限穿透展示功能，如股权关系的深层穿透和董监高对外投资任职的全方位展示等。

通过这些数据整合和技术应用，“图谱数”不仅提供了丰富的数据资源和高效的数据处理能力，还实现了数据的高度一致性和互通性，形成了全面、详细的企业知识图谱，为资本市场的分析和决策提供了强有力的支持。

3. 实际应用效果

中证数智的“图谱数”产品在创新方面的显著特点是对客户场景的深入理解和挖掘，这主要体现在疑似实控人核查、风险传导预警模型及资本集团挖掘等多个方面。

（1）疑似实控人核查。

疑似实控人核查功能通过深入分析每家企业的股东结构，精准识别出累计持股比例超过设定阈值的最大股东，并将其标记为（疑似）实际控制人。这一功能有助于业务使用方更清晰地了解交易对手方的企业股权穿透关系，为决策提供更全面的信息支持。

（2）风险传导预警模型。

该模型结合了先进的机器学习和图挖掘算法，能够对企业主体进行全面的风险评估，并考虑关联企业的影响进行叠加分析，从而预测潜在的风险事件。目前，该模型已成功覆盖全市场 80%的因重要关联传导而引发的风险，为风险防控提供了强有力的工具。

（3）资本集团挖掘。

资本集团挖掘功能则利用图挖掘技术的优势，通过全量图谱的上下穿透算法，准确识别出所有企业的实际控制人以及同属于同一实控人控制的企业群组，进而揭示出资本集团的构成。

案例三：小微企业背靠大数据实现主动授信——民生银行

1. 案例背景

近年来，小微企业在现代经济体系中扮演着不可或缺的角色，对国民经济的繁荣发展作出了显著贡献。我国小微企业数量众多，且持续保持迅猛的增长势头，这些企业普遍有着强烈的融资需求，然而却经常遭遇“融资难”的瓶颈。为了应对这一问题，政府在工作报告中明确提出要求，旨在引导更多资金流向关键领域和薄弱环节，以进一步扩大普惠金融的覆盖范围。

2. 数据要素解决方案

为解决小微企业在授信服务过程中常因信息不对称而面临多重挑战，中国民生银行上海分行（简称民生银行）推出了一款智能化的小微智能决策数字化应用产品，该产品通过全方位的业务理念升级、主动获客策略优化、智能风控技术应用及作业方式改进，打造了小微主动授信智能决策服务。

当前小微主动授信智能决策服务涵盖了多个面向不同客群的专项贷款产品：针对纳税客户的税贷类产品，专为专精特新客户设计的易创 E 贷，服务于外贸客户的进出口 E 贷，以及针对政府采购客群的政采贷。这些产品均基于客户的特定需求与场景，提供精准化的金融服务。

（1）产品设计方面。

民生银行遵循严谨的逻辑流程：从白名单建库开始，明确目标客群，进行预筛客，确保底线合规指标，进而预测营销额度，并实行动态更新。这种设计确保了产品的精准性和时效性。

（2）主动授信方面。

民生银行实现了以名单目标客群模式为导向的定向服务。通过名单制，银行能够精准地识别、营销、测额和授信，大大提高了服务的针对性和效率。

（3）数据引入及应用方面。

民生银行广泛整合了包括存量客群、税优客群、工商园区、招投标、科创、收单客群等在内的多元化数据源。在数据应用上，民生银行重点采用工商、法院、税务、发票等基础数据源，同时引入特定场景数据源，如餐饮、酒店、电商、外贸等，从而构建出全面审视客户的授信审批逻辑。在此基础上，民生银行不断丰富场景数据源，完善小微企业的经营画像，并联合总行建设地方区域特色数据可插拔模式，充分利用上海地区的数据优势。

（4）智能决策方面。

民生银行建立了以通用性为基础的多标签额度计算机制。通过整合征信、存量客群画像、社保公积金、供应链、税收、收单、特定场景数据等多维度信息，民生银行运用数据分析加工技术，应用于前筛模型、审批模型、利率模型、流失模型、埋点模型、贷后模型等多个环节。同时，民生银行结合企业信贷行为信息、账户信息、关联方信息、衍生指标和特殊标签等关键要素，筛选目标客户，并借助行内策略库及活动方案开展精准营销。此外，民生银行还整合了个人和法人风控体系，打造了一套端侧统一、场景融合、中台共享、数据贯通的企业级、平台化、数智化的小微特色智能风控体系。民生银行基于大数据实时监控和分析能力，提供全流程风险视图及预警控制服务，帮助业务团队全方位感知客户、产品与合作方的风险状况，赋能业务持续进行产品迭代和风控优化，形成产品风控运营的良性循环。

3. 实际应用效果

主动授信智能决策服务精准契合小微客群特性，彻底颠覆了传统营销获客方式。这一模式深度融合大数据和人工智能技术，为民生银行线上化转型提供了坚实支撑，实现了线上线下无缝衔接，推动抵押流程标准化和线上化，广泛应用于小微企业法人、小微企业主及个体工商户等各类业务场景。在模型构建上，其独特的“1+1+1”三维模式，即本地政务类数据、民生银行自有数据及场景对接数据源相结合，构建起覆盖贷前、贷中、贷后的全面模型体系，并通过持续的数据积累不断优化完善现有模型。这一数据引入策略提供了更为全面、综合的客户评判模型，不仅拓展了数据源的范围，还确保了数据的安全性、有效性和真实性。

通过变被动授信为主动授信，民生银行成功解决了新客服务画像模糊、信贷覆盖面不广的问题。截至 2023 年 8 月末，民生银行已累计审批金额近 3 亿元，授信客群覆盖超过 400 户，为小微客户提供了高效便捷的授信产品体验。这一创新举措不仅深化了金融服务对实体小微企业的支持力度，还通过整合内部产品和数据源，构建了一套完善的授信决策体系。

6.5 本章小结

数据要素在金融服务中日益重要，成为推动行业创新和优化的关键因素。通过深度挖掘和分析客户、市场及交易数据，金融机构能更准确地把握市场动态和客户需求，开发出更符合市场趋势和个性化需求的产品和服务。这种数据驱动的业务模式提高了金融机构的竞争力，同时也为客户提供了便捷、高效和个性化的服务体验。政策支持和技术创新为数据要素的应用提供了保障，政府出台相关政策法规规范数据行为，金融机构积极引入大数据和人工智能技术，建立完善的数据分析体系，提高数据处理效率和准确性。然而，数据安全风险和技术成熟度仍是挑战。随着金融机构对数据依赖加深，数据安全风险增加，需要建立完善的安全管理体系。数字技术在金融领域的应用需进一步探索和完善。

迈入数字化新纪元，数据作为生产要素的地位愈发凸显，金融行业已在数据要素利用上迈出坚实步伐。尽管面临挑战，但金融数字化浪潮势不可挡，数据要素与金融服务的紧密结合将推动未来金融业的革新。

第7章

数据要素×科技创新

本章梳理了科技创新的发展现状与政策情况，分析科技创新发展遇到的难点，对数据要素赋能科技创新进行探讨，最后通过具体案例展示数据要素如何推动科技创新的发展。

7.1 科技创新发展情况与政策介绍

7.1.1 科技创新行业发展现状

当前，科学研究范式正在经历深刻变革，学科交叉融合更加频繁，科技与经济社会发展加速渗透。新一轮科技革命和产业变革向纵深发展，科技创新的广度、深度、速度和精度均得到显著提升。专家推测，数字技术革命可能在2030年前后推动全球进入新一轮繁荣周期，数据是其中的关键生产要素和战略资源。在此背景下，我国不断加强对科技研发的支持力度，并在信息、能源、生物等科技领域进行前瞻性布局。本节将从以下四个方面介绍科技创新行业的发展现状。

1. 我国科研组织方式和科创管理体系正经历新的变革

数据作为关键生产要素和战略资源，在科技创新和生产中发挥着至关重要的作用。科技创新的广度和深度明显加大，速度和精度明显加快。数据不仅是科技研发的基础，也是推动产业升级和经济增长的重要驱动力。创新驱动发展需要科技创新和体制机制创新的“双轮驱动”，以释放全社会的创新活力。作为科技创新的主体，企业与科研院所、高校互联互通，无疑能使科技成果转化成效大幅提高。在此背景下，政府职能正在从研发管理向创新服务转变，服务对象包括产学研用、大中小微等各类创新主体，涉及创新全链条，更加注重优化政策供给，以营造良好的创新生态。

2. 企业作为科技创新主体的地位和价值进一步凸显

统计数据显示，2023年我国的研究与试验发展经费的全年支出达到33278亿元，较上年增长8.1%，占国内生产总值的比例为2.64%。其中，基础研究经费为2212亿元，增长率为9.3%，占研究与试验发展经费支出比重为6.65%。国家自然科学基金共资助了5.25万个项目。以领军企业、龙头企业为核心，联合高校、科研院所和社会力量共建创新联合体正成为科技创新组织形式的主流。企业在技术创新、成果转化、产业孵化等方面持续保持主导地位，并在基础研究和应用基础研究领域发挥更大、更直接的作用。

3. 人工智能进入新时代，产业化迎来一波新高潮

2023 年初，以 ChatGPT 为代表的一系列人工智能生成内容（artificial intelligence generated content，AIGC）应用和产品迅速走红，标志着人工智能从理解世界向创造世界转变。人工智能的底层技术和产业生态已经形成了新的格局。2024 年初，OpenAI 发布了首款人工智能文生视频大模型 Sora，人工智能技术继在文本和图像领域大放异彩后，又在视频领域掀起了巨浪。人工智能正逐渐成为一种重要的生产力，凭借其强大的理解和生成能力，广泛应用于计算机视觉、语音识别、自然语言处理、机器翻译等领域，开启了一系列产业化应用的市场风口。人工智能的广泛应用将助推数字经济的发展，推动产业智能化、智慧化升级，促进经济社会的可持续发展。

4. 基础研究及相关“大科学”装置的建设和运营正在迎来新一轮热潮

当今世界正迈入一个以深度分工协作与全面整体推进为特征的“大科学”新时代。基础研究是创新源头，对基础研究的投入被视为一种“长线投资”和“战略投资”，因此世界各国都在加大对基础研究的投入。当前由政府、高校、企业及其他社会力量共同构成的基础研究“多元投入”机制愈发健全。研究平台、仪器设备是进行基础研究的重要支撑，针对前瞻引领型、战略导向型和应用支撑型领域的重大科学装置及重要科技基础设施的投资、建设和运营正迎来新一轮热潮。这些大科学装置和科技基础设施的布局将直接影响地方和城市科技创新中心的建设，并对地方科技创新生态的构建产生深远的影响。这一趋势充分体现了基础研究和大科学装置在推动科技创新与社会进步中的关键作用，同时也凸显了多方力量协作的重要性。通过这种合作模式，可以更好地整合资源、提升创新能力，进而推动科技创新生态系统的健康发展。

7.1.2　科技创新行业相关政策和法律法规介绍

科技创新行业的具体政策主要分为国家出台和各地方出台的政策。

1. 国家出台的一系列科技创新政策及相关法律法规

自党的十八大以来，我国相继发布了《中共中央、国务院关于深化体制机制改革加快实施创新驱动发展战略的若干意见》《深化科技体制改革实施方案》《国家创新驱动发展战略纲要》等重要文件，涵盖了科技体制改革的各个方面，包括管理体制、资源配置、科技评价、产学研合作、知识产权保护、

成果转化、科技金融、人才培养、国际科技合作等。在2021年的中央经济工作会议中，也作出了重要部署，包括实施科技体制改革三年行动方案，制定实施基础研究十年规划，强化国家战略科技力量，推进科研院所改革，强化企业创新主体地位，深化产学研结合，完善优化科技创新生态，继续开展国际科技合作等。2021年12月修订通过的《中华人民共和国科学技术进步法》中指出，坚持科技创新在国家现代化建设全局中的核心地位，把科技自立自强作为国家发展的战略支撑。此外，科学技术部、财政部、国家自然科学基金委员会等部门也发布了一系列政策文件，从多层次、多角度促进科技创新发展。

2. 各地方出台的具有地方特色的科技创新政策

2023年，北京市人民政府办公厅印发了《北京市促进未来产业创新发展实施方案》。同年，北京市科学技术委员会、中关村科技园区管理委员会印发了《首都科技条件平台与科技创新券实施办法（修订版）》，北京市科学技术委员会、中关村科技园区管理委员会等11部门印发了《关于进一步培育和服务独角兽企业的若干措施》等文件。

2023年，天津市科学技术局会同市工业和信息化局、市人社局、市商务局、市国资委、市税务局、天津银保监局等部门编制形成了《天津市科技创新政策要点汇编（2023年版）》，天津市科学技术局印发了《天津市顶尖科学家工作室建设管理办法（试行）》等文件。

2020年，上海市科学技术委员会、上海市发展和改革委员会、上海市财政局印发了《国家科技重大专项资金配套管理办法实施细则》。2023年，上海市财政局、上海市科学技术委员会印发了《上海市财政科研项目专项经费管理办法》。

2021年，广州市人民代表大会常务委员会制定了《广州市科技创新条例》。2023年，广州市人民政府办公厅印发了《广州市壮大科技创新主体促进高新技术企业高质量发展若干措施》；同年，广州市科学技术局印发了《广州市科技政策服务手册（2023年）》。

这些地方性政策文件的出台，有助于推动当地科技创新生态的建设，促进高新技术产业的发展，加强科技创新主体地位，提升科技创新的活力和水平。各地政府在科技创新领域的政策支持将为本地区科技创新和经济发展注入新的动力，有助于推动全国科技创新体系的进步。

7.2　科技创新目前发展难点

当前我国科技创新发展面临一系列问题和挑战。总体来看，我国科技创新发展还存在科技体系适应性不高、创新体系整体效率不高、科技投入效率不高、科技创新能力不强、创新资源整合能力不强等问题。具体表现为科技评价体系不适应科技发展要求、科技生态有待进一步完善、科技创新产出质量不够高、国际科技交流合作的引领作用有待加强。

1. 新型举国体制中作用发挥的机制有待进一步清晰

在新型举国体制中，市场和政府的有机结合对于科技创新至关重要，然而企业在这种体制下的功能定位和作用发挥仍面临挑战。企业对于如何更好地融入和发挥作用的认识不够清晰，尤其在承担重大攻关任务时，如何有效利用体制机制仍存在理解不足的问题。企业在新型举国体制中的地位和职责需要更加明确，以便更好地与政府和市场发挥协同效应，推动科技创新和国家发展。企业需要进一步了解自身在新体制下的定位和责任，以便更好地适应新环境，提高科技创新的效率和质量。如何确保企业与政府、市场之间的有效协同、信息共享和资源整合，是当前需要重点关注和深入探讨的问题。

2. 科技成果转化路径不畅

当前科技成果转化路径存在研究、开发、试验和应用等环节之间脱节的现象，需要加强各环节的衔接和协同。政府应鼓励企业和机构积极参与成果转化和技术创新，推动科技成果从实验室走向市场。在这一过程中，需要建立更加完善的激励机制，以促进企业和研究机构愿意投入更多资源和精力，推动科技成果的应用和转化。通过优化科技成果转化路径，可以更好地推动科技创新和经济发展，实现科技成果的最大化应用和价值转化。因此，需要在政策和机制上进一步加强支持，促进成果转化和技术创新的发展。

3. 协同创新生态有待进一步建设

协同创新生态的建设是推动科技创新和发展的关键，目前存在企业之间的合作意愿不强、协同创新责任落实不到位、成果共享机制尚不健全、协同创新领军人才短缺、容错环境不完善等问题。企业的合作意愿不足、协同创新成本高昂、信息共享不畅，导致协同创新效果不明显。同时，协同创新存在知识产权保护困境、合作伙伴信任度不足等问题，制约了企业间的深度合作与创新发展。协同创新生态中缺乏长期稳定的合作机制和平台，阻碍了企业之间的深度合作和资源共享。协同创新领军人才的缺乏，也限制了协同创新生态的健康发展。容错环境需要进一步完善。创新很可能失败，因此要有宽容失败的环境，建立健全容错、纠错机制，考核机制也需要有差异化，以促进创新活动的开展。

企业需要进一步加强合作，解决协同创新生态中的难点，促进科技创新和发展的持续推进。

4. 基础研究能力有待进一步增强

基础研究能力的增强是推动科技创新和发展的重要基础。目前存在基础研究与技术创新、应用之间脱节的现象，导致科研成果难以转化为实际生产力，影响了科技成果的应用和社会效益。企业缺乏强大的基础研究能力，创新主要依赖工程经验而非理论指导，难以实现颠覆性技术突破。基础研究能力不足也影响了企业在全球科技领域的竞争力，限制了企业在新兴领域的布局和发展。基础研究能力的增强需要企业和科研机构共同努力，加大对基础研究的投入和支持，培养更多具有创新精神和理论基础的科研人才，推动基础研究与技术创新、产业发展的有机结合，促进科技创新和社会进步。

综上所述，我国在科技创新领域仍面临诸多挑战，需要进一步优化科技创新布局、完善科技评价体系、加强科技成果转化、建设协同创新生态、增强基础研究能力等。

7.3 数据要素赋能科技创新

1. 催生新型劳动资料

数据要素催生出科技创新领域的新型劳动资料，其以强渗透性、低成本复用和非竞争性等特性，融入生产生活的全链条，从而有效改进要素比例和配置方式，推动资源的合理有效配置，激发产业数字化的进程，助力生产力的整体跃升。

（1）通过经济主体数据化互动的方式，使数据贯穿链式生产和决策的全流程。通过“数据化之手”推动资源要素序列的整体重置，实现优化资源配置、提高劳动资料的使用效率、优化生产要素的组合结构的目的。

（2）数据要素与数智技术的相互作用，推动了传统以机械为主的生产工具从规模化扩张和全景式应用向数智化革新的转变。这不仅促进了传统设备和制造工艺的数智化改造升级，还通过解构和重组原有的研发、设计、生产、组装等环节，推动企业从“串行生产”的线性分工向“并行制造”的网络化分工的转型，激发了架构创新和模块化生产模式。

（3）数据资源及集成平台作为支撑创新活动的核心要素，能够催生数字网络通信技术、高端智能设备等富含先进技术和绿色创新特质的新型劳动工具。这进而激发了企业生产和运作模式的创新，推动了数智化和绿色化变革，有效延伸了传统产业链条，推动传统产业的转型升级，为科技创新领域的创新发展提供了有力支持。

数据要素的影响将持续深化和扩展，为劳动资料的更新与升级注入新的动力。

2. 催生新型劳动对象

作为新型生产要素，数据深刻参与推动数字产业化和产业数字化的进程，不仅成为新质劳动对象的一部分，还促使传统劳动对象突破过去的物质局限，转变为更适应高质量发展需求的新型劳动对象。

（1）数据作为新型劳动对象参与物质生产和价值创造过程，通过多场景应用和多主体复用，打破传统生产时空限制，创造多样化的价值增量，引领数字化新领域的涌现，开拓经济增长的新空间。数据要素作为数字产业创新发展的基础资源，商业化开发和市场化交易活动形成了新兴数字业态，推动数字化商业模式、产业形态和体制机制的协同创新。

（2）数据要素的嵌入使劳动对象逐步升级为“自然物＋人造自然物＋虚拟的数字符号物”，呈现出越来越明显的数智化特征。高新技术基于数据要素的支撑，推动传统劳动对象向绿色化改造，创新出绿色合成材料，加速新能源的发掘和替代传统能源的进程，催生绿色新业态，加速形成绿色低碳的现代化产业体系。

（3）数据要素重构了竞争优势。数字智能优势逐渐取代传统资源优势，区域发展核心竞争力由资源禀赋和产品生产力转向创新效率和数智生产力，推动技术创新和智能制造的空间分布变化，形成以创新集群为核心的新增长极。

数据要素对科技创新劳动对象的影响将持续深化，为劳动对象的新型转变和发展提供强大动力。

3. 催生新型劳动力

通过与数智化技术的叠加，数据要素渗透融合到劳动力要素中，显著提高了传统劳动力的质量和生产潜能，提升了劳动生产率，并推动劳动力结构向更高级化的方向发展。

（1）数据要素与劳动力要素的协同作用，能有效激发劳动者的数据思维，提升数字化劳动技能，增强劳动的边际产出和生产水平。在数据要素的驱动下，相较于传统简单劳动，新型劳动表现出更具创造性和高级性的复杂劳动特征，能够在同等劳动时间内推动更大规模的物质要素运行，从而显著提升劳动生产率，促进生产力的质的提升。

（2）数据要素的渗透使得数字经济时代下的劳动力要素主体突破了“人”的边界，演化为适应人工智能的现实与虚拟双重劳动主体，催生出新型劳动力。通过以数据要素为基础的人机协同，劳动力能够突破固有的认知模式，拓展知识边界，创造新的组织学习方式，大大提高劳动效率。同时，数据要素还催生了“零工经济”模式下的新型自由职业者，扩展了劳动主体的范围。

（3）数据要素对劳动力就业产生正负叠加效应，对抽象和复杂劳动产生正向互补作用，对简单和常规劳动产生负向替代效应。

（4）数据要素还能借助数字平台高效匹配劳动力资源，创造高附加值的就业新形式，提升整体劳动技能，推动劳动力结构向更高级化的方向发展。

数据要素对科技创新劳动力的影响将持续推动人才培养和劳动力结构的优化升级，为科技创新领域的发展提供强大支持。

7.4 具体案例展示

案例一：国家科学数据中心助力加强空间与天文领域数据治理与开发

1. 背景与挑战

国家高能物理科学数据中心、国家空间科学数据中心、国家天文科学数据中心在空间与天文领域中加强科学数据的全生命周期治理与融合开发，致力于打造超过 50PB 规模的高质量科学数据资源。这些数据资源为超高能宇宙线起源、多波段时域天文等典型科学场景提供了先进的数据分析应用服务，从而助力取得十余项国际领先的重大科学发现，并加速科学研究范式的变革。空天科技作为一种跨学科、跨领域、跨行业的综合性科技，涉及广泛的科学研究和应用。随着中国天眼、子午工程等重大科技基础设施的建成应用，以及一系列空间科学卫星的发射和启用，产生了海量数据。然而，这些数据面临标准不一、来源分散、类别多样等挑战，导致其深度应用较为困难。

2. 数据要素解决方案

为了高效应用空间和天文数据，丰富研究方法，提升数据处理和应用方式，更好地支撑复杂科学问题的研究，国家空间科学数据中心、国家高能物理科学数据中心、国家天文科学数据中心等机构通过强化数据治理和开发研究工具，积极探索形成基于数据驱动的天文领域科学创新模式。这一努力不仅旨在解决当前数据应用的瓶颈问题，还在于推动科学研究的持续创新与发展。

（1）促进空间—高能物理—天文科学数据汇聚与全生命周期治理。

国家高能物理科学数据中心、国家空间科学数据中心和国家天文科学数据中心通过编制和实施分级分类、管理存储和开放共享等一系列标准，规范了空间高能物理和天文学数据的全生命周期治理。这些标准包括 10 余项具体的实施细则。研究工作以标准为引领，促进了跨学科数据的汇聚和融合。这一过程不仅提升了数据的管理效率和质量，还为后续的科学研究和应用奠定了坚实的基础。

（2）建立空间高能天文领域融合数据库。

针对跨领域前沿科学问题，这些数据中心建立了一个融合空间、高能物理和天文学数据的综合数据库。这个数据库不仅涵盖了空天典型事件，还发布了联合主题数据资源，满足了科学研究的真实需求。自 2021 年以来，通过系统的治理和整合，形成了约 50PB 的高质量空间天文科学数据资源库。这一资源库的建立为科学家提供了丰富的数据支持，助力他们在相关领域开展深入的研究和探索。

（3）以数据驱动科学新发现。

依托融合数据库，并借助人工智能等前沿技术，这些数据中心联合研发了 20 余项专用数据分析挖掘工具与模型。这些工具与模型针对不同的科学场景，如超高能宇宙线起源、多波段时域天文、日地空间天气传播链等，提供了高质量的在线数据分析服务。这些服务不仅支持了千余项空间天文领域的科技创新活动和科技计划，还显著提升了科学家的研究效率和成果质量。

3. 实际应用效果

通过上述数据要素解决方案，这些数据中心在科学研究和技术应用方面取得了显著成果。

（1）在科学研究方面。

利用融合数据库和专用数据分析工具，科学家们取得了诸多国际领先的科学发现。例如，他们首次在全球范围内打开了10TeV波段的伽马射线暴观测窗口，获得了纳赫兹引力波存在的关键证据等。这些突破性发现不仅丰富了人类对宇宙的认知，还推动了相关领域的科技进步。这些成果发表在《自然》《科学》等国际顶尖学术期刊上，多项成果入选当年的“中国科学十大进展”，展现了数据驱动科学研究的强大潜力和广阔前景。

（2）在技术应用方面。

这些数据中心通过高效的数据治理和融合，促进了跨学科数据的集成和共享，为相关领域的科技创新提供了有力支撑。通过建立和维护高质量的科学数据资源，数据中心为科学家和研究机构提供了丰富的数据支持和便捷的分析工具，提高了数据的利用效率和研究的精准度。同时，数据中心还推动了数据标准化和开放共享，促进了科学数据的广泛应用和知识的快速传播。这些实践不仅增强了我国在相关领域的科研能力，也为国际科学合作提供了重要的基础设施和数据资源。

案例二：材智科技数据驱动材料研发创新

1. 背景与挑战

材智科技是专注于材料数字化技术研发与应用的国家高新技术企业，是材料数字化解决方案的领导者，主要服务于对材料数字化技术应用与系统建设有较高要求的高技术用户，助力客户在原始创新和颠覆性创新上取得成功。

21世纪，科学研究进入第四范式，材料科学也由之前的经验科学、理论科学逐渐向大数据驱动的智能模式进行转变，“试错法”的材料研发模式正逐步转向“数据驱动”的智能研发模式，如图7.1所示。

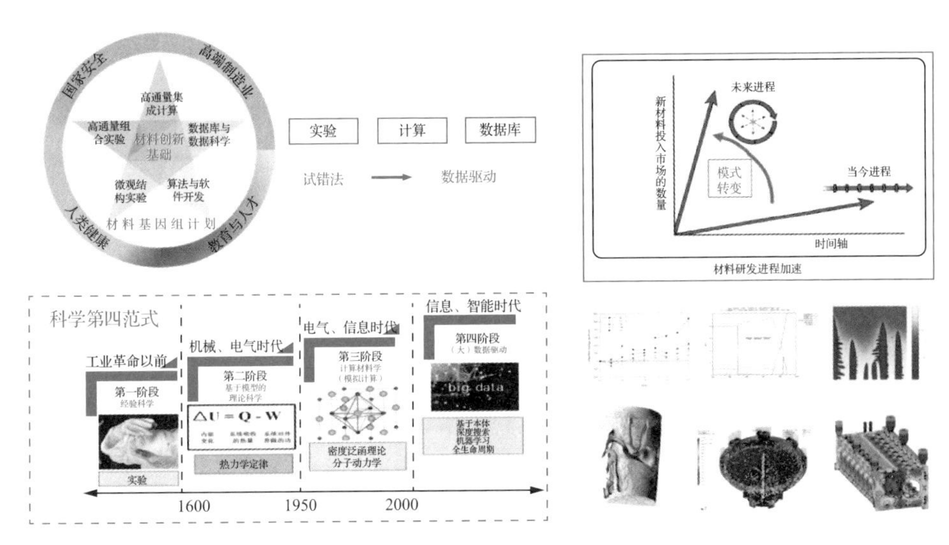

图 7.1 材料研发模式转变

材智科技的数据驱动材料研发适用于航空航天、汽车、核电、钢铁、新材料等行业，以及有加强研发实验业务及数据管理标准化、促进研发数据资源整合与应用、提升数字化研发能力与研发效率、降低研发成本等需求的高端材料设计、生产、制造企业等，其应用目标如图 7.2 所示。

图 7.2 数据驱动材料研发应用目标

当前大多数企业的材料研发仍采用传统的“经验＋试错”的研发模式，且在研发实验流程和数据管理方面存在以下问题：研发实验流程不规范，实验过程难跟踪；研发过程数据未保存，实验经验未沉淀，存在大量重复实验和测试；实验数据体量大、种类多，现有的数据记录方式效率较低，已无法满足数据管理和应用的需要；研发数据保存在电脑和纸质文档中，缺乏数据审核和权限控制，易造成数据丢失和失真，难以保障数据质量和安全；研发数据分散，数据结构不一，数据查询和共享困难，不具备分析能力，需要将系统中的数据文件下载到本地才能进行分析，数据分析流程烦琐，降低了研发人员的研发效率；材料牌号性能数据和材料知识情报资源数据建设不足，研发人员缺乏获取相关内容的渠道或获取时间长；产品研发数据多源异构，分散于各个部门或各个信息系统中，信息检索与分析效率低；材料服役数据难以反馈到产品研发、工艺设计环节，动态、闭环管控的全生命周期质量管控尚未形成；公司申请的专利和相关专利簇未进行体系化的整理，不利于专利布局规划。

2. 数据要素解决方案

（1）实现实验过程全生命周期管理。

围绕企业研发工作的需求，基于“材料基因组”理念，数据驱动材料研发项目广泛应用了先进的实验管理技术和材料信息学技术，实现了研发项目中实验过程业务信息的全面记录、管理和应用。通过在线流转、审批、监控和管理，实现了实验全生命周期业务流程的数字化管理。传统的纸质实验记录方式被淘汰，实验效率显著提高。该项目还梳理了企业各类研发流程和数据表单，结合各研发小组业务和数据特点，建立了七十余张材料、工艺、检测表单，初步形成了研发数据规范，确保了实验过程的规范性和数据准确性，满足了实验过程的回溯和内外数据汇总分析需求。

（2）构建统一的数据管理和分析体系。

数据驱动材料研发项目通过整合文献数据、材料数据、计算数据等多种数据资源，实现了海量、多源、异构、实时产生的材料数据的集成、统一管理、分析和应用。建立了参考数据库、原材料数据库、产品数据库，设计并构建了十余张专业数据模板，支撑研发实验的数据资源整合，初步形成了企业专用数据库体系。这一体系为研发项目提供了全方位的数据支撑，确保了数据的高度一致性和互通性。数据中心通过梳理和规范企业研发流程和数据表单，建立了一套完整的数据标准和规范体系，确保了数据治理的系统性和全面性。

（3）提供一站式数据分析和应用平台。

数据驱动材料研发项目开发了多种数据深度应用工具，支持多元化检索策略，快速进行参考资料查找、产品数据查看、材料选型和相似实验匹配等操作。同时，还提供了一站式分析统计平台，简化了复杂的数据处理和分析流程，实现了数据的自动汇聚和实时更新，大幅提高了数据分析效率。

3. 实际应用效果

（1）提高实验管理和数据分析效率。

通过上述数据要素解决方案，企业在研发实验管理方面取得了显著的应用效果。实现了实验全生命周期业务流程的在线管理，提高了实验效率，形成了数据闭环和研发经验的沉淀，减少了重复实验和不必要的实验。同时，打破了研发数据壁垒，提升了数据分析应用能力和研发业务的数字化应用设计能力。这一变化不仅提高了实验管理效率，还促进了企业内部的协同创新，为研发项目提供了坚实的数据支撑。

（2）强化数据资源整合和应用。

在数据资源整合方面，数据驱动材料研发项目按照实验流程模板对实验数据进行汇聚，建立了参考数据库、原材料数据库、产品数据库，设计构建了专业数据模板，形成了企业专用数据库体系。这一体系确保了数据的高度一致性和互通性，极大地提升了数据资源的整合和应用能力。通过多元化检索策略和一站式分析统计平台，企业能够快速进行参考资料查找、产品数据查看、材料选型和相似实验匹配等操作，大幅提高了数据分析效率，简化了数据处理流程。

（3）保障数据质量和安全。

通过完善的数据审核机制，避免了重要数据漏填错填、关键指标描述不清楚和垃圾数据发布等问题，有效保障了数据质量。同时，通过动态更新数据权限和异常操作可追溯机制，满足了不同人员对数据使用需求及数据权限动态更新需求，避免数据恶意篡改及泄露，确保了数据的安全性和完整性。

（4）支持新产品研发和工艺改造。

通过数据驱动科学研究和决策，数据驱动材料研发项目为新产品研发、工艺改造和材料应用评价决策提供了强大的数据支撑。在数据驱动下，企业能够充分挖掘数据中的规律信息，开发出更符合市场需求和技术要求的新产品，优化生产工艺，提高产品质量和竞争力。这些实践不仅提升了企业的创新能力和市场竞争力，也为行业的数字化转型和升级提供了宝贵的经验和借鉴。

案例三：和鲸科技利用数据驱动打造跨学科领域的交叉研究平台

1. 背景与挑战

随着数据量的持续增长，数据驱动的研究方法成为促进跨学科交叉研究的重要推动力。数据的“非学科性”特点使得各领域的界限变得模糊，不同学科的研究对象有了同质性的基础，打破了过往“各自为政”的状态。社会科学、数据科学和自然科学领域的研究者可以联合开展量化分析，进行大规模、广泛参与的合作研究。然而，这种新兴的研究方法和合作模式也带来了挑战。

（1）学科专业知识与数据分析能力存在协作隔阂。

当开展基于多学科数据驱动的交叉融合研究时，数据分析手段应当与学科的实际问题紧密相连，二者形成双向驱动。一方面，学科知识可以指导数据工作，给数据分析提供更多理论支持；另一方面，数据不仅可以用来检验理论，也可以为理论建构提供新的启发，拓展理论建构的新方向。然而，部分领域的科研人员本身数据分析能力较弱，在实际合作开展研究时难以参与到数据阶段的工作，常用的分析工具上手门槛又较高，需要耗费很多时间和精力再学习。相对地，数据研究者虽然分析能力强，却不一定了解各个学科的研究范式和专业，研究思路在传递的过程中很容易产生信息流失或理解偏差，对数据分析建模的准确性造成影响。

（2）客观因素导致的研究团队项目管理与资源同步效率低。

由于开展跨学科研究的科研团队成员通常各居于不同的地方，若缺乏频繁的信息同步，则成员彼此间很有可能对他人的任务情况和研究进度不了解，这将导致一些重复工作或者某些任务无人认领的情况。另外，文献材料、数据、代码等生产要素和分析结果只能通过通信软件采用文件传输的形式共享，一旦有成员进行了修改，则需要再次同步，这将在不同设备中形成多个文件版本，难以管理。在数据科学场景下，如何充分释放各领域研究者的优势和特长，实现理论与技术的相互渗透与融合，是保证跨学科领域的交叉研究顺利推进亟待解决的问题。

2. 数据要素解决方案

Model Whale（和鲸科技旗下的数据科学协同平台，其架构见图 7.3）与清华大学、南开大学、华东师范大学等高等学府，国家气象信息中心、国家人口健康科学数据中心、紫金山实验室等先进科研组织进行深入合作，以丰富的基础设施建设使科研人员在研究中的参与及合作形式更加多样化。

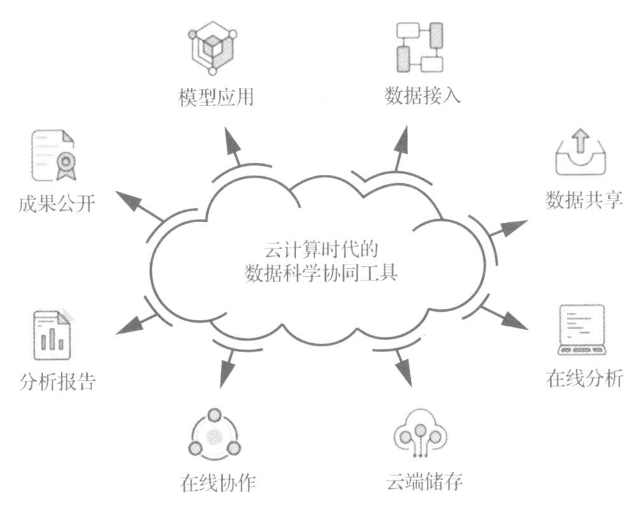

图 7.3　Model Whale 架构

Model Whale 为用户打通了底层架构，零基础的科研人员无须任何软件安装及环境部署，随时随地登录账号即可开始科研分析。针对“学科×计算机”或数据驱动的“学科×学科”的融合研究，Model Whale 同时提供了 Notebook 交互式编程、Canvas 拖拽式编程和 Cloud IDE 三种开发模式，契合不同工程能力研究者的分析工作需求。

各学科领域的科研人员在即开即用的云端环境下可快速参与至数据工作中，Canvas 画布式的界面采用低代码的编程方式，研究者只需通过简单的图形连接并设置好参数，即可搭建起最底层的科研思路，相较于传统口述式的信息传达，更为直观高效。

分析流程搭建完成后，数据工作者即可将 Canvas 的模型组件无缝转化为 Notebook 代码，开展后续的精细化分析建模工作。对于比较标准化的数据分析流程，数据人员也可将常用的代码制作成代码片段并分享给团队内部其他成员，方便快速调用。

此外，基于 Canvas 与 Notebook 间互补转换的敏捷开发模式，兼备数据能力和领域知识的高级工程人员可以先用 Notebook 构建一些细分方向的标准化研究流程，而后将其封装为 Canvas Flow 研究模板，则此模板既包含了研究方法本身的传递，也可以直接提供给其他研究者使用。Model Whale 三种开发模式界面如图 7.4 所示。

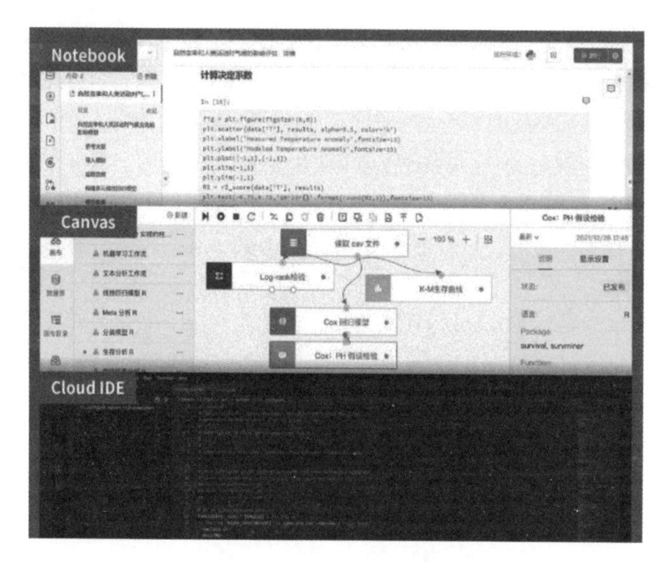

图 7.4　Model Whale 三种开发模式界面

3. 实际应用效果

（1）提高协作与效率。

通过 Model Whale，科研团队实现了高效的跨学科协作。平台提供的多种开发模式和低代码编程方式，使各学科领域的科研人员能够快速参与数据工作，提高协作效率。研究过程中的重点难点问题可以在线讨论与协作，避免信息流失和理解偏差。

（2）优化数据资源管理与应用。

Model Whale 通过整合各类数据资源，形成统一的数据管理体系，提高了数据资源的整合和应用能力。一站式分析统计平台简化了数据处理和分析流程，实现了数据的自动汇聚和实时更新，大幅提高了数据分析效率。

（3）保障数据质量与安全。

通过完善的数据审核机制和动态权限管理，Model Whale 有效保障了数据质量和安全。数据的安全性和完整性得到了全面保护，科研团队能够放心使用数据进行研究，减少了数据泄露和篡改的风险。

（4）支持复杂计算与项目管理。

Model Whale 的算力调度功能解决了高算力需求的问题，确保科研人员可根据需要弹性调用资源，进行复杂计算。此外，项目管理功能使研究课题的拆解与任务分配更加高效，可实时查看项目进展情况，提升了研究的整体效率。

（5）推动跨学科研究与人才培养。

Model Whale 不仅支持科研过程，还提供了教学评一体的课程模块，帮助高校和科研机构培养创新型、复合型人才，为跨学科领域的交叉研究注入新动力。通过平台的应用，上海交通大学临床研究中心与顶尖医院的医生合作，生物统计师搭建低代码临床研究分析模板，方便医生快速开展课题研究，促进了临床研究的创新和发展。

7.5 本章小结

“数据要素×”行动有效发挥了数据在科技创新和产业转型中的驱动作用。通过创新和应用数据技术，企业能够优化产业结构，实现转型升级，提高决策效率和预测精度，提升生产效率与盈利能力。同时，数据要素还帮助科学家提出新的假设，并利用高性能计算和人工智能技术进行验证，从而实现新的科学发现。这种数据驱动的科技创新和计算智能的发展相互促进，形成了“人工智能驱动范式”，能够解决复杂的科学问题，提升科技核心竞争力，适应全球科技竞争的新格局。

尽管数据要素在科技创新和产业转型中发挥了重要作用，但仍存在科技创新体系未完全数字化、数据支撑不足、跨主体数据交换和处理存在障碍、“数据孤岛”现象突出、中小企业数据使用困难、数据共享不均等难题。为解决这些问题，需要加强科技创新体系的数字化建设，完善跨主体数据共享机制，强化数据安全和隐私保护，推动高质量数据资源的公平分配，降低中小企业获取和利用数据的门槛，促进其创新发展。同时，加强数据在实体经济中的应用，推动数据与产业深度融合，实现数字化转型升级。通过这些举措，可以有效克服当前数据要素应用面临的挑战，促进科技创新和产业发展的全面提升，为经济社会的可持续发展和科技进步作出重要贡献。

第 8 章

数据要素 × 医疗健康

8.1 医疗健康发展情况与政策介绍

随着科技的迅速发展和社会的不断进步，医疗健康产业正处于前所未有的变革之中。从政府决策到行业实践，我们正目睹一场全面深化的改革。自2016年起，我国颁布了一系列关于促进和规范大数据应用发展的法律法规，包括《中华人民共和国网络安全法》《中华人民共和国数据安全法》和《中华人民共和国个人信息保护法》。这些法律法规的颁布为医疗健康数据的保护与利用提供了制度性保障。

2018年，《远程医疗服务管理规范（试行）》出台，对远程医疗服务的基本条件和服务流程等内容进行了明确的规定。远程医疗产业链逐步形成，通过完善远程会诊系统，利用医院信息管理系统管理和处理患者的医疗信息，借助数字化通信技术确保医疗信息能够高效、安全地在不同医疗机构之间流通和共享。

2020年，《关于深入推进“互联网＋医疗健康”“五个一”服务行动的通知》发布，推动医保制度逐步涵盖更多的常见病和慢性病，使更多的患者能够通过互联网平台获得医疗服务，并通过医保报销来减轻患者的医疗费用负担。“互联网＋医疗健康”便民惠民活动的开展不仅可以提高患者的就医便利性和医疗服务的效率，还有助于优化医疗资源配置，提升基层医疗水平，促进医疗健康管理的整体提升。

随着我国城镇化进程的加快和人口老龄化的加剧，医疗健康领域面临新的挑战。城镇化的推进意味着城市人口的增长与加速流动，对医疗资源和服务的需求将进一步增加。人口老龄化则意味着医疗健康管理面临着更多慢性病治疗、长期护理等方面的挑战。我国是人口大国，随着社会经济的不断发展，人民对健康的要求不断提高，医学数据量增长迅速，加之我国地域辽阔，不同地区、不同人群的医疗行为存在差异性，这为我国的医疗健康领域储备了丰富的医学数据资源。

8.2　医疗健康目前发展难点

尽管我国已经在医疗信息化方面取得了很大的进步，但仍然存在许多问题需要解决。本节将从医疗数据管理、远程医疗模式、制药行业的数字化转型三个方面展开讨论。

1. 医疗数据管理

医疗数据管理面临标准不统一和共享难度大的问题，形成了“数据孤岛”现象。尽管国家健康平台、医保电子化和医院信息化已有显著提升，但大量数据仍难以调取和应用，尤其三甲医院等大型医疗机构信息公开程度较低。医疗数据标准的不统一导致了医疗资源共享的困难，患者在不同医疗机构之间无法共享就诊信息和电子病历，导致重复诊疗，增加了患者就医成本和不便，同时也浪费了医疗资源。此外，医疗数据的归属权问题复杂，数据开放与患者隐私保护之间的矛盾需要解决，既要保障数据流通，又要保护患者和医院的利益。

2. 远程医疗模式

远程医疗模式在推广中面临资金和技术支持不足、参与度低等挑战。远程医疗需要高投入的技术搭建、技术保障和设备维护，导致成本和时间成本较高。患者对远程医疗的认知度低，对这种模式和诊疗方式存在怀疑，倾向于选择传统实体医疗服务。医生因工作繁忙，无法投入足够时间和精力进行远程医疗服务。此外，农村和边远地区基层医务人员对远程医疗了解不足，难以系统学习设备操作并积累经验。解决这些问题需要加大远程医疗技术研发和推广，增强设备易用性和稳定性，降低实施成本，并加强对患者和医生的宣传教育，提高他们的认知和接受度，同时加强基层医务人员的培训。

3. 制药行业的数字化转型

制药行业的数字化转型是一个复杂的过程，需要全面考虑宏观政策、市场动态以及产业网络结构的演变。一个良好的监管环境和有利的政策能够促进创新和技术应用的发展，而新技术（如微信直播等）则为数字化提供了技术支持，提升了运营效率并扩大了受众覆盖范围。同时，市场力量在推动转型过程中起到了关键作用，注重药物监管并鼓励数字化的政策框架有助于营造一个健康的市场环境。

数据要素的注入使得制药公司能够优化运营并增强决策过程，利用多源数据进行质量保证和合规管理。然而，高昂的投资成本和数字化协同效应的不足，制约了电子监管和溯源管理的广泛普及。为解决这些挑战，亟须推动标准化的数据编码，并整合医疗信息系统与医疗保险数据库，从而促进跨部门协作并释放数据价值。

尽管国内制药公司在电子监管和溯源管理方面的进展有限，但通过加强数据标准化和系统整合，有望克服数字化转型中的障碍，推动行业健康发展。

8.3 数据要素赋能医疗健康

本节将围绕数据基础、价值模型、数据管理三方面尝试展现数据要素赋能医疗健康的可行路径。首先，生物医学大数据资源的建设与整合将有助于构建坚实的数据基础，为后续政策制定、增强医疗保健系统的健壮性提供支持；其次，构建健康医疗大数据价值链，以人民满意、安全可控、协同高效和高质量发展为目标，操作数据遵循采集、处理、汇聚、分析、共享、应用的过程，将静态的数据转变为有价值的数据流；最后，通过比较国内外的医疗数据管理平台，为我国的数据管理平台建设提供有益的建议。

8.3.1 数据基础：生物医学大数据资源建设与整合

在生物医学大数据资源建设与整合方面，我国一直在不断加强工作。目前，我国已经建立了一系列国家级生物医学科学数据中心，包括国家微生物科学数据中心、国家基因组科学数据中心和国家人口健康科学数据中心等。这些数据中心整合了各类生物医学数据资源，涵盖了微生物资源、微生物组数据、基因组数据等，数据量庞大，记录丰富。此外，我国还开展了一些具有国际影响力的生物医学科学数据资源项目，如中国慢性病前瞻性研究项目、“泰州队列”等。我国还建立了全员人口数据库、居民电子健康档案数据库、电子病历数据库等基础数据库，其中包括了电子病历、健康档案、公共卫生数据等不同类型的生物医学大数据。这些丰富的数据资源为我国实施健康中国战略奠定了坚实的数据基础。

8.3.2　价值模型：构建健康医疗大数据价值链

学者姜晓萍和郭宁构建了健康医疗大数据价值链模型，如图 8.1 所示。其中价值目标中的“人民满意”指将人们的需求和满意度置于首位，通过大数据赋能的健康医疗服务新应用和新模式，不断满足不断增长、多样化的健康需求；“安全可控”指确保健康医疗大数据在整个生命周期中的安全性，安全可控是健康医疗大数据应用的基石，也是其发展的必要条件；“协同高效”指通过优化数据流动和流程，实现健康医疗数据资源的高效利用，是健康医疗大数据发展的核心价值目标；“高质量发展”则着眼于以健康医疗大数据应用为支点，建设健康医疗大数据产业发展体系，培育新业态和经济增长点，从而实现经济价值。

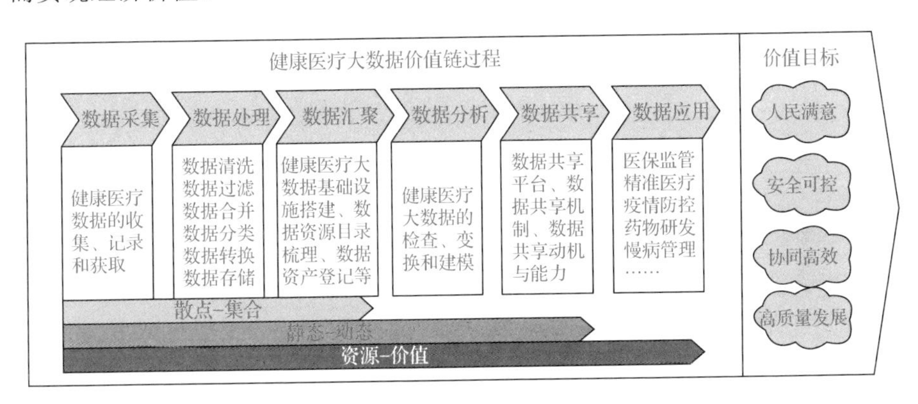

图 8.1　健康医疗大数据价值链模型

8.3.3　数据管理：健康医学科学数据管理平台的研究框架

为统一健康医学科学数据标准，我国正积极推动跨医院的临床数据互认与共享，这将有助于减少患者因重复检查而带来的医疗资源浪费，并推动我国健康医疗数据一体化建设。为此，有相关学者构建了健康医学科学数据管理平台的研究框架（图 8.2），从激励机制与数据政策、经费来源、技术创新等多个角度提出建议。

科学数据管理生命周期涵盖了数据的产生、收集、描述、存储、共享、应用整个生命过程，主要包括数据管理计划、数据采集、数据处理、数据保存、数据共享与再利用。

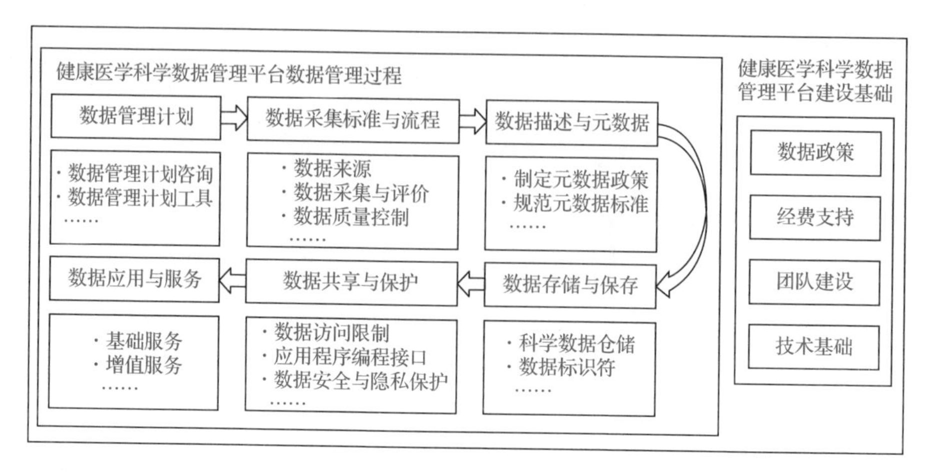

图 8.2 健康医学科学数据管理平台的研究框架

科学数据管理计划可划分为特定过程与通用过程，为构建研究框架提供了坚实的基础，并全面覆盖了数据政策、经费支持、团队建设及技术基础四大关键领域。在数据政策方面，国内的数据管理体系尚未形成有效的互联互通机制。尽管国家政策鼓励合理利用数据并加强数据的互通性，但实际执行力度仍然不足。健康医学科学管理平台的建设资金主要依赖于政府机构的支持，部分平台的经费来源于科技部的科学数据共享工程重大项目资金投入，也有的来自国家自然科学基金和中国科学院的资助。关于团队建设，虽然国内平台的团队建设已有初步进展，但仍需更多时间来建立多层次的管理体系并明确具体分工。在技术基础方面，平台采用自主研发方式，然而由于国内技术人才的短缺，平台的技术能力仍存在一定局限性，这在一定程度上制约了平台的发展。

在数据管理计划领域，加强跨越整个生命周期的健康和医学数据管理是一个迫切需要改进的关键领域。在数据质量方面，可以采用两层质量控制方法。第一层是基本验证，主要核查数据的准确性，可以借助自动化工具实现；第二层则由指定的数据委会进行审查，评估数据的完整性、准确性和整体质量，最终生成全面的质量审查报告。

隐私保护是另一个关键方面，各种技术的集成可以显著增强数据安全性。利用数据去标识化技术对个人信息进行匿名化处理，有效保护个人隐私；实施数据加密技术有助于隐藏敏感信息，增强机密性；分层数据组织和访问控制机制能够规范数据可访问性，从而减少未经授权的访问。这包括对授予科学研究人员的权限施加限制，确保数据访问与必要的凭证和目的相称。

从本质上讲，增强健康和医学领域的数据管理策略需要采取多方面的方法，包括严格的质量控制措施和强大的隐私保护机制。通过整合这些策略，可以减少潜在风险，增强数据完整性并加强数据安全，从而为健康和医学领域的科学研究和创新营造更为有利的环境。

8.4　具体案例展示

案例一：数据要素提升就诊效率

1. 背景与挑战

北京清华长庚医院作为一家现代化医疗机构，不断探索利用信息技术优化患者就诊流程，提高医疗服务效率和患者满意度。然而，随着患者数量的增加和医疗服务需求的多样化，医院面临着诸多挑战。传统挂号和就诊流程常常导致医院服务效率低、患者排队时间长、患者满意度下降等问题。如何有效管理号源、减少患者在院等候时间、提高预约检查的便利性，成为医院亟须解决的难题。

2. 数据要素解决方案

北京清华长庚医院通过多种挂号渠道满足不同患者挂号需求，包括医院官方 App、微信小程序、诊间预约复诊、出院复诊预约及人工综合服务柜台等。这些渠道实现了号源的共享，保证了号源的充分利用，使患者可以更加方便快捷地进行挂号预约。清华长庚智慧医院网络如图 8.3 所示。

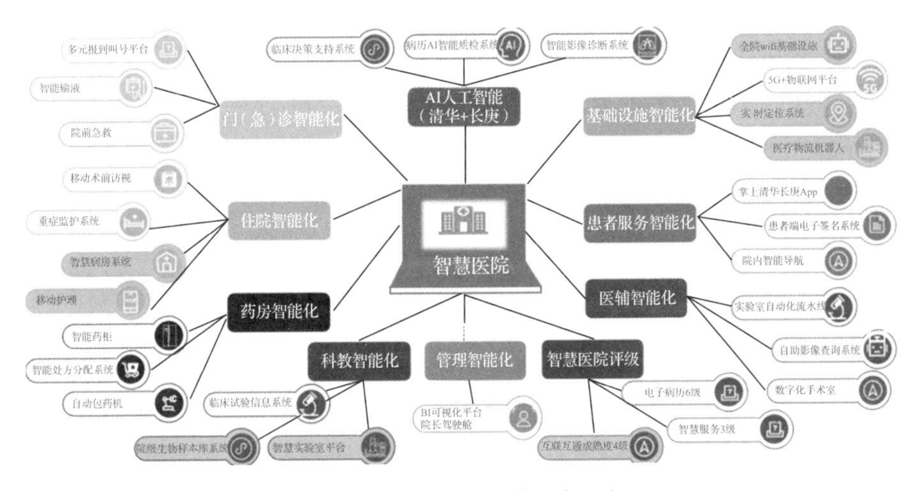

图 8.3　清华长庚智慧医院网络

为了减少患者在院等候时间，医院利用清华大学临床医学院精益化医院运营实验室的技术支持，对门诊数据进行建模与仿真，并通过对不同策略的仿真模拟测算，设计出合理的迟到患者和早到患者的排序规则，引导患者按预约时段就诊。医院还通过系统自动提醒患者哪些检查不能同一天进行，并将预约后的注意事项发送到患者手机上，提高了就医的便利性和顺畅性。此外，医院实施了缴费不用排队的措施，患者可以享受医保直接结算，减少了就医过程中的烦琐环节，提高了效率和便利性。

3. 实际应用效果

通过建设智慧医院，北京清华长庚医院在保证按时报到患者等候时长基本不变的情况下，显著减少了早到患者的平均等候时间，进一步提升了患者的整体满意度。医院将持续监测和统计就诊时段的相关数据，根据不同科室的情况和患者的就医习惯，不断优化排序规则，进一步缩短患者在院等候时间，提升患者的就医体验。

在医院门诊大楼，自助服务设施随处可见，有志愿者提供引导帮助，使得就医秩序井然有序。医院智慧服务建设包括诊前服务、诊中服务、诊后服务、全程服务、基础与安全五部分，涵盖了预约挂号、诊间排队叫号、医保移动支付、电子票据、医技检查智慧集中预约、检查检验及影像结果自助推送、智慧药房建设等内容。医院在不断创新服务模式的实践中，有效提升了患者的就诊效率和就医体验获得感。

案例二：数据要素助推保险科技创新与发展

1. 背景与挑战

随着健康中国战略的深入推行，商业健康保险行业进入了快速增长的阶段。民众投保商业保险的意识大幅提升，保费收入持续增长，被认为是当期增速最快的险种之一。然而，该行业也面临着深度与密度相对落后、产品同质化严重等问题。这些挑战限制了行业的进一步发展和创新。为了解决这些问题，商业健康保险公司需要通过保险科技的赋能来实现突破和发展。例如，一些平台如“i 云保”“保险师”等，注重创新销售平台，采用人工智能、大数据、云计算等技术，实现销售模式的转型升级。

2. 数据要素解决方案

保险科技的发展对商业健康保险行业的良好增势起到了重要作用。通过综合各项研究可知，保险科技的发展主要集中在数字技术、大数据、区块链、人工智能等领域的应用。

保险科技可以深入研究数据风险，并开发保障数据安全的服务。通过分析数据的潜在风险和可能面临的威胁，保险科技能够为企业和个人提供定制化的风险管理方案，帮助它们有效地防范各类数据安全风险。

保险科技与保险公司共同设计各类保险产品，保障数据要素交易流通。在数据交易环节中，可能出现的风险包括数据泄露、数据篡改、数据丢失等。通过开发针对性的保险产品，保险科技可以为数据交易各方提供保障，降低数据交易的风险，促进数据要素的安全流通。例如，自 2015 年快速发展的网络安全保险，通过政策支持和科技赋能，从网络安全保险获客、风险建模到网络安全服务等各个环节，都需要保险科技提供专业支持和服务。

3. 实际应用效果

保险科技的应用在商业健康保险行业中展现了巨大潜力。通过大数据、人工智能等技术，保险公司能够为客户提供个性化、全周期的保险服务，实现精准定价。具体而言，利用大数据技术提高灾害预警能力，通过集成跟踪设备降低交通事故发生率，利用人工智能提升疾病预防和管理能力，这些措施都显著提高了保险产品的质量和客户满意度。

在健康险领域，保险科技在预防疾病方面的应用尤为重要。例如，保险公司可以利用现代医学和科技，在保险产品中增加癌症筛查服务，做到早发现、早干预、早治疗。同时，开发防癌或预防心脑血管疾病的数字化工具，结合可穿戴设备，实现对投保人的精细化、个性化健康管理。这些工具通过对生活方式的干预和管理，能够提升投保人的健康水平，防范重大疾病的发生。

案例三：北京市预约挂号平台医院数字化项目

1. 背景与挑战

北京市预约挂号统一平台（简称挂号平台）由北京联通承建运营，提供 270 余家医院的预约挂号服务，覆盖全市重点三级医院，并提供检验、检查报告查询等功能，为群众提供更便捷、更优质的诊疗服务。为保障群众就医，维护医疗秩序，挂号平台坚持攻防结合、线上线下联动，聚焦重点医院、重点科室、重点号源、重点时期，开展防范打击“电子黄牛”专项行动，最大限度保障号源分配公平性。鉴于当前挂号平台识别疑似“电子黄牛”准确率较低（仅为 25%），为提升系统防范“电子黄牛”能力，平台计划通过专项行动，将识别疑似“电子黄牛”准确率提升至 80%。

2. 数据要素解决方案

北京联通高度重视预约挂号统一平台的打造与运营，成立了京通健康服务项目组，致力于提升百姓就医便捷度和获得感。联通（北京）产业互联网有限公司作为北京联通下属能力支撑单位，提供人力与数据治理、数据分析相关服务。

本案例中的数据来源主要包括挂号平台业务数据、挂号系统埋点日志数据、北京联通自有的用户信令位置数据、北京联通用户属性标签数据。考虑到京通挂号平台高峰时期并发量大，稳定性要求高，团队设计并建立了京通健康服务大数据平台，用于数据归集和存储，通过 Kafka 等数据中间件将数据同步至大数据平台，使用大数据平台后台 Hadoop 大数据集群的方式进行数据分析与融合。

黄牛识别模型指标构建过程中，通常认为存在较短时间间隔内挂号订单量高、单位时间内 IP 访问量高、较短时间完成多次预约、一定周期内退号量较高、缺乏登录信息但存在挂号行为且挂号次数较多等表现符合对黄牛人群的认知。使用案例数据源中的数据，建立反黄牛模型指标，同时结合北京联通用户轨迹和标签数据，分析账户对应就诊人的年龄性别等用户基本信息、就诊人号源对应疾病信息、就诊人职住位置分布信息等相关数据，建立模型对疑似黄牛人群进行综合研判，在实践中确定具体指标的阈值、进行人群积累，并与黄牛库中的黄牛数据相互验证，不断对模型进行优化迭代。

3. 实际应用效果

经济效益方面，黄牛识别模型可以第一时间准确发现并阻止“电子黄牛”在系统上的挂号行为，使预约挂号平台在安全性及使用公平性上得到进一步提高，减小因黄牛带来的市场混乱，医疗资源不平衡问题。黄牛识别模型上线后，预约挂号平台用户月投诉总量相比上线前下降近 10%，吸引更多新用户使用预约挂号平台进行线上挂号。

社会效益方面，黄牛识别模型识别的疑似黄牛信息，会上报市级黄牛库，形成全市联合防范、联合惩戒工作机制。目前协和医院、中国医学科学院肿瘤医院等 12 家重点医院与挂号平台已完成号贩黄牛库对接，共上报疑似黄牛 900 余人，协助北京市卫健委梳理形成预约挂号“电子黄牛”5 个行为特征，提供打击“电子黄牛”线索 60 余万条，公安部门精准锁定号贩子 134 人以上。同时也为政府相关部门的工作决策提供参考，为政府强化监管执法提供依据，为民众公平享有医疗资源提供保障。

8.5 本章小结

本章深入探讨了数据要素在医疗健康领域的应用。首先，详细阐述了医疗健康业的政策背景、发展现状以及面临的挑战。通过回顾政策演变，我们可以清晰地看到医疗健康产业改革的轨迹，从“互联网＋”到“远程医疗”，再到当前的“数据要素”，这一过程标志着医疗健康产业正逐步迈向数字化和智能化的新阶段。一方面，数据要素的规范化与市场化对于推动医疗产业的规范化发展及可持续性至关重要；另一方面，医疗数据管理、远程医疗模式以及制药行业的数字化转型仍面临诸多挑战。其次，从数据基础、价值模型和数据管理三个维度，深入分析数据要素如何赋能医疗健康理论，并与国际上的医疗数据管理体系进行对比，为我国医疗数据管理的优化提供有益参考。最后，通过一系列实例，展示了数据要素在医疗健康领域所取得的显著成果。

第 9 章

数据要素 × 应急管理

在我国，自然灾害和突发事件时有发生，给人们的生命财产安全带来了严重威胁。面对这些挑战，应急管理工作显得尤为重要。传统的应急管理模式虽然在一定程度上能够应对灾害和突发事件，但由于其局限性，往往难以达到高效、精准的应急响应。随着数字化和信息化技术的快速发展，数据要素在应急管理领域的应用逐渐展现出巨大的潜力和价值。

9.1 应急管理发展情况与政策介绍

9.1.1 我国的应急管理体系

我国的应急管理体系总体框架包括当前我国应急管理工作的目标、主体、手段、制度保障等多方面内容。下面对我国应急管理体系进行简要分析。

1. 目标

2021 年 12 月，国务院印发《"十四五"国家应急体系规划》，提出我国应急体系规划的总体目标：到 2025 年，应急管理体系和能力现代化建设取得重大进展，形成统一指挥、专常兼备、反应灵敏、上下联动的中国特色应急管理体制，建成统一领导、权责一致、权威高效的国家应急能力体系，防范化解重大安全风险体制机制不断健全，应急救援力量建设全面加强，应急管理法治水平、科技信息化水平和综合保障能力大幅提升，安全生产、综合防灾减灾形势趋稳向好，自然灾害防御水平明显提升，全社会防范和应对处置灾害事故能力显著增强。

2. 主体

政府在应急管理体系中发挥着主导作用，应急管理部门是我国应急管理工作的核心主体，负责应急管理工作的统筹规划，公安部门、卫生部门负责协助具体实施。2018 年 3 月，根据第十三届全国人民代表大会第一次会议批准的国务院机构改革方案，设立了中华人民共和国应急管理部，被视为我国国家安全体系建设的重要里程碑。其成立有利于我国应急管理工作的集中统筹，增强了应对各种事故灾害的整体性规划。各地的应急管理部门主要负责指导地震、台风、火灾、干旱、洪涝等自然灾害，以及生产事故、公共设施和设备事故等灾难的应急救援，其部署单位还包括消防救援局、地震局、安全生产应急救援中心等部门，负责具体实施。此外，其他的公共安全事件，如公共卫生事件和社会安全事件则分别由卫生和公安等职能部门负责。民间团体，包括志愿团队、民间公益救助组织也在应急管理中发挥着独特的作用。这些民间团体由社会力量组建，根植于社会基层，具有公益性、灵活性的优势，在应急管理中相对于政府部门更加贴近民众，正逐渐发展成为我国应急管理体系中的重要力量。

3. 手段

按照应对事故灾害的流程，可以划分为事前的预防和预警、事中的赈灾与救援、事后的恢复与调查。

（1）预防和预警。

在预防方面应急管理部门积极落实部门主体责任，组织编制国家应急总体预案和规划，将突发公共安全事件按客观指标划分成四个应急响应等级，并规定了与之相应的应急响应步骤，强化安全排练与演练、开展全国灾害风险普查、加强宣传教育培训，为应对突发公共安全事件制定了多种措施。在预警方面，我国已成立了国家应急广播中心、国家突发事件预警信息发布网、中央气象台气象灾害预警平台、中国地震预警网等，并逐步加强大数据、人工智能等数字技术在各类型突发事件预警中的应用，进一步彰显在应急管理框架中以预防为主的特征。

（2）赈灾与救援。

在赈灾与救援中，按照“属地为主”的处置原则，坚持发挥地方政府的主体应对作用。如遇特别重大的安全生产事故或严重的自然灾害，超出地方政府的应对能力，则在国务院安委办的指导下，应急管理部及相关部委根据情况迅速启动应急响应，协调其他地区的救援队伍支援、调配救援物资。

（3）恢复与调查。

应急管理部及相关部委为受灾地区提供全方位的支持，包括物资援助、人力支持及技术支持，旨在协助受灾地区迅速恢复正常的生产生活秩序。我国还会在国务院主导下制定系统完备的扶持与优惠政策。以 2008 年汶川大地震为例，在地震发生后，国务院印发《国务院关于支持汶川地震灾后恢复重建政策措施的意见》，提出九大政策支持方向，包括设置灾后恢复重建基金、减税降费、产业扶持、就业援助、充实粮食储备等全方位的政策支持，以协助受灾地区尽快恢复重建。此外，在事故灾难发生后，应急管理部门会派出工作组，对事故原因进行全面、客观的调查，并对相关责任方依法追究责任。

4. 制度保障

从中央层面的顶层设计到基层单位的具体实施细则，我国应急管理的制度保障体系不断健全，人力、财政、科技、产业、宣传教育等方面的支持不断完善。在人力方面，我国应急救援人员规模和质量稳步提高，全国各地专业应急救援力量超过 130 万人，注册登记社会力量 4 万余人，基层救援力量 105 万余人，应急力量建设初具规模。在财政方面，2020 年我国对应急救援领域中央与地方的事权和财政支出责任不匹配的情况进行了分化改革，形成各层级政府事权、支出责任和财政资金相适应的制度。在科技方面，以大数据、人工智能、物联网等数字技术在应急管理领域的应用持续拓展深化，贯穿应急管理体系全过程。在产业方面，应急产业发展得到国务院发文的大力支持，根据前瞻研究院测算，预计 2024—2029 年中国应急产业年复合增长率为 12%，中国应急产业市场规模在 2029 年达到 4.1 万亿元。在宣传教育方面，当前，我国正大力推行安全应急教育进社区、学校等宣传活动，居民自身的安全意识和应急能力正逐步提高。

9.1.2 应急管理体系政策背景

国家应急管理体系的建设完善离不开中央政策法规层面的顶层设计。总体而言，我国的应急管理政策体系建立在一系列法律法规和规划的基础上。《中华人民共和国突发事件应对法》是这一体系的基础，在我国的应急管理政策体系中处于核心位置，为各级政府在突发事件应对中提供了法律依据。《国家突发事件应急体系建设“十三五”规划》《“十四五”国家应急体系规划》则分别明确了在“十三五”“十四五”期间应急管理体系的建设目标和路径，为应急管理体系的发展指明了阶段性的发展方向。在此基础上，细化和落实各个领域的应急管理工作。针对生产安全事故，《生产安全事故应急条例》规定了应急处置的程序和法律责任；针对城市轨道交通，《国家城市轨道交通运营突发事件应急预案》制定了专门的应对措施；针对重大动物疫情，《重大动物疫情应急条例》规定了动物疫情的应急处置程序。此外，还有一系列专项规划和预案，如《国家自然灾害救助应急预案》《国家防汛抗旱应急预案》等。这些措施的实施，确保了我国的应急管理工作能够及时有效应对各类情况，减少群众伤亡和降低经济损失。

9.2　应急管理目前发展难点

我国的应急管理体系目前仍面临着许多挑战和制约因素。从客观条件上看，我国是世界上自然灾害最为严重的国家之一，灾害种类多、发生频率高、分布地域广、造成损失重。在全球气候变暖背景下，我国极端天气气候事件多发频发，高温、暴雨、洪涝、干旱等自然灾害易发高发。随着城镇化进程不断加快，我国的中心城市和城市群发展迅速，人口规模不断增加、人口密度不断增大，同时，随着工业化程度的推进，水电油气管网等加快建设，也为人们生产生活的安全带来了新的挑战。

1. 宏观层面

从宏观层面来看，我国正处于结构性调整的关键阶段。《“十四五”国家综合防灾减灾规划》中指出了应急管理体系存在的问题，如统筹协调机制有待健全、抗灾设防水平有待提升、救援救灾能力有待强化等。这些问题反映了政府主导的应急管理模式下，应急管理组织结构和管理流程仍处于融合阶段，应急管理部门与其他部门联动、政府部门与社会力量合作应对突发事件时暴露出府际关系、政府与社会力量关系不协调，协作和信息共享不足，导致在发生突发事件时应对效率不高。

2. 微观层面

从微观层面来看，存在“重处置、轻预防”、资源分配不均及应急产业结构不平衡等现象。首先，“重处置、轻预防”倾向明显，导致“预防为主”的基本理念未能真正贯彻，监测预警信息整合不足，预防工作效果受到限制。其次，应急资源分配不均，基层应急管理能力不足，导致城乡社区的应急管理体制机制建设和设施设备配置相对薄弱。最后，应急产业结构不平衡，总体发展水平较低，难以满足应急产业下游应用领域的需求。

我国应急管理体系在新技术应用方面遭遇了多重挑战。尽管地理信息系统、人工智能等前沿技术蕴藏巨大潜力，但在实际操作中却常常面临技术应用不足的问题。部分地方的应急管理部门对新技术的认知和接受度相对较低，这无疑限制了技术的推广与应用。专业人才短缺也是制约技术有效推广的重要因素。缺乏具备相关技能的专业人员，使得新技术难以充分发挥其优势。同时，基础设施的薄弱也阻碍了新技术的实施，使得技术应用面临诸多困难。

数据共享与整合问题更是加剧了这一挑战。现有的数据往往分散于不同部门，缺乏有效的共享机制，这不仅影响了数据的完整性和准确性，也影响了实时决策的效率。此外，公众对新技术的认知不足，可能导致抵触情绪，从而影响应急响应的效果。为了充分发挥新技术的潜力，亟须加强人才培养、完善基础设施、建立数据共享机制。通过这些措施，可以克服当前面临的挑战，推动应急管理体系的现代化进程，提高应急响应的效率和效果。

9.3 数据要素赋能应急管理领域

9.3.1 数据要素赋能应急管理应用场景

数据要素在不同的应用场景所发挥的作用不尽相同。《“数据要素×”三年行动计划（2024—2026年）》中指出了数据要素的特性以及在应急管理领域的具体应用场景。

1. 数据要素的实时性与高效性

实时性与高效性是数据要素在应急管理中最为突出的特性之一。传统的应急管理受限于信息获取的滞后和处理效率的不足，而数字技术的应用则极大地提升了信息的获取和处理速度。例如，利用物联网技术可以实现对各种环境参数的实时监测，快速感知突发事件的发生；基于云计算和大数据技术的数据处理平台可以对海量数据进行实时分析和挖掘，提供实时决策支持。这种实时性和高效性可以大幅缩短应急响应时间，提高救援效率，降低灾害损失。

2. 数据要素的精准性与可视化

精准性与可视化是数字要素在应急管理中的另一个重要特性。传统的应急管理存在信息不准确、决策不精准的问题，而通过大数据分析和可视化技术可以实现对灾害信息的精准识别和呈现。例如，利用地理信息系统可以将地理信息与灾害风险数据进行融合，生成直观的空间信息图，帮助决策者更好地掌握灾害的分布和影响范围；利用数据挖掘和机器学习技术可以从海量数据中挖掘出潜在的灾害模式和规律，为灾害预测和预警提供科学依据。这种精准性和可视化可以提高决策的准确性和针对性，降低应急管理的风险和不确定性。

3. 数据要素的流通性与共享性

流通性与共享性是数据要素在应急管理中的重要优势。传统的应急管理存在“信息孤岛”和协同困难的问题，而通过建立统一的信息平台和协同工作机制，可以实现跨部门、跨行业、跨领域的数据共享和资源协同。例如，利用云计算和移动网络技术可以实现实时的信息共享和沟通，提高应急响应的协同效率；利用大数据分析技术和融媒体可以实时监测和分析公众舆情，为舆情应对和公众心理干预提供科学支持。这种流通性与共享性可以加强各方面的合作和协调，提高应急管理的整体效率和应对能力。

4. 数据要素的抽象性与科学性

数据要素具有抽象性与科学性，通过数据要素可以实现对现实世界的事件和关系进行简化和概括，建立数字模型。在应急管理中，可以将风险因素抽象化成数据要素，建立相关风险模型，进行风险管理与预测，实现科学评估与预测。例如，在建立高危行业安全生产责任保险评估模型的过程中，可以将采矿、化工等高危行业的各种风险因素进行抽象，转化为数据要素来评估安全风险。

9.3.2 数据要素完善应急管理体系

数字要素在赋能应急管理体系方面展现出了其作为新型高效生产要素的独特魅力，其驱动的数字技术可以在原有治理逻辑的基础上提升应急管理能力。然而，需注意的是，数字技术与传统工具的区别在于其突破性进展和创新性应用，数字技术不仅重新构建了应急管理主体与技术之间的关系，还推动了主体在思维方式、体制机制等领域的深层次变革。

与传统的技术不同，数字技术背后依赖的是开源共享的数据生态系统，数字技术所构建的互联互通生态打破了地理空间、组织层级的束缚，探索虚拟数字空间与物理空间、社会空间的融合，层级制、网络化、分布式、去中介化的组织交织共存，可以推进不同应急管理主体在开源的治理思维中得到最大程度的包容，为应急管理体系真正实现共建共享创造了条件。正如前文提到的，数据要素的流通与共享打破了传统模式之下，参与应急管理工作的时间与空间的限制，为不同主体参与应急管理工作提供了更加便捷、开放、实时的途径，能够有效促进多主体之间的协同合作。更重要的是，数据要素所建构起来的开放式系统生态内含着平等、开放的逻辑基底，有望突破传统模式中社会力量相对于政府力量过于弱小、主观能动性难以得到发挥的局面，进一步完善应急管理工作中的角色分工，为构建“开放共享”的整体性治理模式奠定技术基础。例如，当真正面临灾害时，共享模式可以动员广大社会力量参与数据采集和数据共享，消解数据自下而上流通的阻碍，真正彰显“一切为了人民，一切依靠人民”的理念。

9.4 具体案例展示

案例一：北京移动构建应急平台助力大型活动举办

1. 背景与挑战

随着我国数字化转型的加速，应急管理工作面临着信息碎片化、预警不精准、决策支持薄弱和信息化程度不足等问题，需向信息化、规范化、科学化转变。大数据分析为城市人口规模、流动监测及预警提供了可能，助力提升应急管理的精准性和及时性。

2. 数据要素解决方案

北京移动通信有限责任公司（简称北京移动）依托其强大的应急大数据平台，为冬奥会和服贸会等大型活动的顺利举行提供了坚实的数据支撑。通过整合位置信令信息、用户基本信息和地理位置信息等多维度数据，构建了高效的数据采集、清洗和脱敏体系，确保了数据的准确性和安全性。同时，构建实时位置识别模型、轨迹补偿算法等核心算法技术，实现对用户群体位置分布分析，为应急响应提供了及时、准确的信息支持。

基于数据融合构建大数据应用体系，提升应急管理准确性。北京移动以大数据融合和多要素联动为核心，搭建基于“大数据融合＋多要素联动”的城市大数据分析及应用体系，聚焦用户、设备、基站、特征标签信息等多维度数据，依托大数据平台对人口数据的实时监控和精准分析，实现了人口热力分布、实时人口走势及告警、场馆人口分析监测、人口画像结构洞察等多项分析监测功能，全面赋能应急管理工作。

3D 建模技术赋能应急管理，创新打造 3D 可视化应急平台。3D 可视化应急平台利用了 3D 建模技术，精准还原特定区域的全貌，为管理人员从宏观角度快速、实时掌握区域人流数量及分布概况提供了便利。通过该平台，管理人员可以清晰地看到各个区域的人流分布情况，从而更精准地进行人员调配和制定应急方案，为大型活动的应急管理工作提供了有力保障。

3. 实际应用效果

经济效益方面，通过精准的人口流动监测和预警，有效提升了应急响应速度和准确性，减少了因突发事件导致的经济损失。同时，基于大数据和3D可视化技术构建的应急平台，提供了高效的数据处理和分析能力，促进了数据要素的流通和应用。此外，通过精准研判和预警，平台还为应急管理部门的工作决策提供了有力支持，优化了资源配置，提高了城市管理的效率和水平，进一步推动了城市经济的健康发展。

社会效益方面，通过实时监测和分析人口流动情况，有效预防了潜在的安全隐患，提升了城市的安全防范能力。同时，基于大数据和3D可视化技术构建的应急平台，提供了更加直观、准确的信息展示方式，增强了公众对应急管理工作的认知和信任，为构建更加安全、稳定的社会环境提供了有力支持。

案例二：数据要素赋能预警监测——数字化地震预警系统

1. 背景与挑战

中国地震预警系统是中国地震台网中心主导下的一项重要建设成果。该系统利用数字技术构建了地震云计算和大数据平台、数据资源平台、全流程一体化监控平台、速报预警平台及信息服务体系等子系统，从而实现了地震监测预报业务体系的升级和发展。

地震作为自然灾害中最具破坏性和不可预测性的事件，对人类社会造成了巨大灾害和损失。为了应对这一挑战，地震预警系统应运而生。该系统通过建设密集的地震预警监测站，能够迅速捕捉地震波初期信息，并通过数据分析预测地震的关键参数和可能影响的区域，从而提前向公众发送预警信号，为人们提供宝贵的逃生时间，减少人员伤亡和财产损失。截至2023年6月，我国已建成15391个地震预警站，并建立了多个中心和信息发布中心，构成了全球规模最大的地震预警网络。

2. 数据要素解决方案

地震预警系统的核心是数据的采集、传输、存储和分析，包括监测系统、数据传输系统、数据处理系统、信息发布系统等。数据通过高速网络传输到数据处理中心进行实时分析。地震预警系统利用大数据技术和人工智能算法，对监测到的地震波进行处理和分析，通过计算机模型估算地震的震级、震源深度等关键参数，并预测可能受影响的地区和人群。

地震预警系统的数据分析系统包括监控主机、通信设施、数据处理服务器、Web服务器和数据库服务器等硬件设备。在数据分析过程中，如果监测到地震波超过设定的预警阈值，系统将立即触发预警，并通过低延时高速互联网络向各类通信终端发送预警信息，确保预警信息的及时性和有效性。

3. 实际应用效果

近年来，中国地震预警系统在多次地震事件中展示了其重要作用和高效性。以2022年四川省雅安市汉源县的4.8级地震为例，地震预警系统监测到该地震后迅速向用户终端发送预警信号。雅安市居民在地震波到达前14秒获得了预警信号，距离较远的成都市居民则提前47秒就收到了预警信号。这个预警成功案例表明，地震预警系统能够显著提升公众对地震灾害的应对能力，减少人员伤亡和财产损失。

尽管地震预警系统已取得显著成就，但仍面临一些挑战。例如，对于震中地区，系统的预警时间仍显不足，需要更高级的分析技术和算法支持。未来，随着技术的进一步发展，特别是深度学习和大模型的应用，地震预警系统有望进一步提升预测的精准性和反应速度，为地震高发区域提供更为有效的预警服务。

案例三：数据要素赋能综合应急治理——海口美兰国际机场海关数字孪生旅检综合指挥平台

1. 背景与挑战

自2017年1月起，海关总署加强了对入境托运行李和随身行李的严格检查，要求所有行李必须通过机器检查。2018年4月，出入境检验检疫管理职责和队伍划入海关总署，导致海关监管业务增加、机构组织合并及后台业务系统融合等诸多问题。

为了解决这些问题，全国各地海关积极探索完成业务全流程的数字化、信息化和可视化转型。海口美兰国际机场海关利用基于数据要素的数字孪生旅检综合指挥平台，为建立起更隐蔽、高效、准确、非侵入、顺势监管的旅检现场作业机制创造了条件，在智能化设备与旅客通关管理系统之间建立更为便捷、稳定、顺畅的数据连接通道。通过实现海关业务监管数据的有效管理，不仅将促进旅客通关体验和关员执法体验的双重优化，还推动了口岸智能监管，以及海口自贸港的建设。这一举措符合海关科技兴关、海南自贸港整体规划的要求。

2. 数据要素解决方案

海口美兰国际机场的海关数字孪生旅检综合指挥平台是集数据汇总、全景监控、指挥调度、业务处理、系统管理和应用支持等于一体的综合管理平台。数字孪生技术为海口美兰国际机场的应用提供了多个具体场景，包括可视化指挥系统、部门区域管理、通关口岸运行、查验现场管理、应急值守管理等。其中最具有代表性的是可视化指挥系统，如图 9.1 所示。这一系统通过一屏总览展示实现了海关监控指挥中心对整个海关动态的全面了解。基于口岸现场地理信息、数据配准及点位标注，利用 3D 平台搭建了仿真现场情况的环境，使监管设备点位清晰可见，从而实现了海关进出境业务的场景、数据、设施等可视化展示，将原先分散的海关各项职能和工作转变为集中统一管理，极大提升了综合应急管理效率。

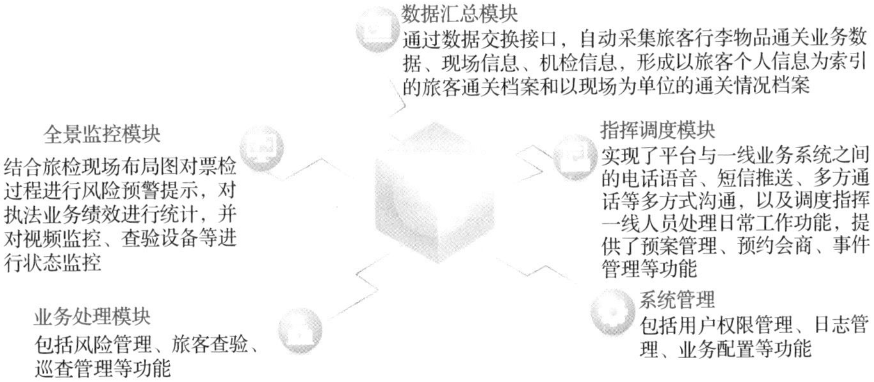

数据汇总模块
通过数据交换接口，自动采集旅客行李物品通关业务数据、现场信息、机检信息，形成以旅客个人信息为索引的旅客通关档案和以现场为单位的通关情况档案

全景监控模块
结合旅检现场布局图对票检过程进行风险预警提示，对执法业务绩效进行统计，并对视频监控、查验设备等进行状态监控

指挥调度模块
实现了平台与一线业务系统之间的电话语音、短信推送、多方通话等多方式沟通，以及调度指挥一线人员处理日常工作功能，提供了预案管理、预约会商、事件管理等功能

业务处理模块
包括风险管理、旅客查验、巡查管理等功能

系统管理
包括用户权限管理、日志管理、业务配置等功能

图 9.1　数字孪生可视化指挥系统方案

（1）数据汇总与全景监控。

平台通过数据汇总和全景监控功能，集成海关各项监管设备的数据，实现对整个美兰机场海关动态的全面了解。通过地理信息系统和数据配准，平台建立了仿真现场环境，清晰可见监管设备点位，从而提升了海关进出境业务的可视化展示和管理效率。

（2）指挥调度与业务处理。

平台通过可视化指挥系统，实现了海关监控指挥中心对各项业务的集中统一管理。集中预警展示功能自动预警处理重点布控人员和违禁物品等事件，大幅提高了海关人员的工作效率和应急管理能力。

（3）系统管理与应用支持。

平台支持不同疫情防控等级的应急处置，通过排班表维护管理和动态监控功能，使得海关值班领导能够快速了解现场情况并进行即时调度，同时支持应急场景评估和培训演练，进一步提升了海关应对突发事件的响应能力。

3. 实际应用效果

海口美兰国际机场海关数字孪生旅检综合指挥平台的应用效果显著，具体体现在以下几个方面。

（1）提升监管效率。

平台通过部门区域管理的分层、分区域、分职责、分权限统一管理，使得海关各职能部门能够更高效地管理自己负责的区域，从而大幅提升了监管效率和协同作业能力。

（2）优化通关运行。

平台利用大数据对通关区域进行实时统计分析，并提供可视化展示，海关指挥中心可以根据通关人次、通关时效等指标进行实时决策和应急调度，显著提高了通关效率和旅客体验。

（3）强化查验管理。

平台整合了人脸识别等先进技术，实现了一体化的查验作业流程，提高了查验效率和准确性，拦截效率提升超过 80%，有效防范了安全风险。

（4）加强应急管理。

平台支持不同疫情防控等级的应急处置，通过集中预警展示和动态监控，使得海关能够迅速响应突发事件，保障了旅客和运输安全。

总体而言，海关数字孪生旅检综合指挥平台在不改变现场执法作业流程的情况下，提升了海关部门的业务感知管控能力，提高了海关现场作业效率。通过业务运行管控和现场辅助作业，实现了监管更加智能规范化、现场作业更加严密高效化、旅客通关更加安全便利化的监管新模式。该平台的应用范围广泛，包括卫检、旅检、监控指挥中心等，大幅提升了海关科技化水平，节省了海关人员的工作量，提高了旅客的便利程度。

9.5 本章小结

在应急管理领域，数据要素的应用已经成为提升效率、提高安全水平、改善应急响应能力的重要手段。通过数据要素赋能，不仅可以实现信息的实时收集、分析和传播，还可以促进多方协作、资源优化和智能决策，从而有效地应对各种突发事件和灾害。

数据要素的合理利用与开发，可以提高预警效率，使得预警系统更加智能化和精准化，可以提前预测灾害发生，并及时向相关部门和公众发布预警信息，从而最大程度地减少人员伤亡和财产损失。数据要素可以实现监管的全流程数字化和可视化，提高监管的精准性和高效性，减少违规行为和安全事故的发生，保障公共安全和社会稳定。数据要素可以促进协同合作，通过信息的实时共享和多方协作，加强救援行动的组织和协调，提高应急响应效率，最大程度地减少灾害损失。数据要素可以提高综合应急治理的管理水平，实现信息的全面管理和智能化决策，优化资源配置和应急响应流程，提高应急管理工作的效率和质量。

与此同时，数据要素在应急管理领域的应用仍面临着诸多困难，也存在一些不足。数据要素的应用对于先进的技术支持和系统平台的建设要求较高，对人才、资金、科技成本的需求度较大，存在技术更新迭代快、成本高等问题，可能造成部分地区或机构难以跟上应用步伐。数据要素的应用涉及大量敏感信息和个人隐私数据，存在数据泄露、滥用等安全风险，需要加强数据安全管理和保护措施，确保数据的合法、安全和可靠使用。

综上所述，数据要素在应急管理领域的应用已经取得了一定成效，但仍然存在一些挑战和问题。为了更好地发挥数据要素的作用，需要不断完善相关技术手段和管理机制，加强跨部门、跨地区的合作与协调，提高应急管理的整体水平和应对能力，以应对日益复杂多变的自然灾害和突发事件。

第 10 章

数据要素 × 气象服务

“数据要素×气象服务”是一个通过整合和利用气象数据，为各行业提供精准、高效服务的创新模式。在数字经济时代，数据已成为关键生产要素，而气象服务则是连接数据与实际应用的重要桥梁。我国的气象服务已经逐步由传统的公益性、基础性服务，逐渐向多元主体广泛参与的新型气象服务过渡。在这个过渡的过程中，数据要素对于气象服务的优化升级的参与成为必需。随着科技的不断进步和数字化转型的深入，气象数据的应用价值愈发凸显，其对于推动经济社会高质量发展具有重要意义。

10.1 气象服务发展情况与政策介绍

10.1.1 气象服务发展情况

气象数据是支撑气象服务现代化、信息化的重要资源，其应用场景遍布农业、能源、医疗、金融、交通等诸多行业，已逐渐演化成一项重要的资产。气象数据具有场景先导性、时效双重性与价值即用性等性质。

目前，国外的一些实践案例展现了利用数据进行决策和问题解决的有效性和多样性。例如，在美国，对数据的应用凸显了数据驱动策略在不同环境背景下应对各种挑战的有效性；在各种气候条件下，已开发了用于预测日常土壤温度的数据驱动模型，展示了数据驱动技术在环境分析中的多样性。此外，在美国北达科他州威利斯顿盆地的巴肯层（Bakken）页岩岩相建模方面，已采用整合的数据驱动方法构建了三维岩相模型。

目前，气象数据服务的潜在价值尚未得到充分开发，据中国气象局与国家统计局公布的数据，国内定制气象数据服务潜在市场规模高达2000亿元。而随着我国气象领域核心技术的不断发展，如高精密新型观测装备组网、智能协同观测、小卫星遥感探测等技术，为气象服务的转型升级打下了坚实的技术基础。气象基础设施逐步完善，气象服务的社会价值与经济价值得以不断凸显。

气象数据对气象服务的赋能，表现在赋能的广度和深度上。从广度来看，气象数据收集手段的逐渐多样化，横向扩展了气象数据的应用场景和气象服务的价值，其作为气象数据赋能各行各业的中介的价值正得到深入挖掘，并随着公共数据授权的推进，气象服务呈现出从服务政府等宏观主体向服务企业乃至个体延伸的倾向。从深度来看，数据要素在应用场景不断扩展的同时，也推进当下应用技术向纵深发展，促进在传统领域发挥作用的气象服务（如短期到长期的天气预测）不断提质增效，时效性和准确性得到更进一步的保障。气象数据应用平台的搭建也在不断促进创新气象数据多样化服务模式。

受限于数字经济当前发展不充分的制约，“数据要素×气象服务”的经济价值和社会价值尚未得到充分的释放。气象数据作为数据要素参与市场配置的机制尚待完善，气象服务收益的分配机制存在问题，监管体系、数据要素平台的建设尚不完备，从辅助预测到实际决策之间的链条运作缺少相关经验。为更好地实现气象数据对气象服务的赋能，技术支持部门、政府部门、企业等多个主体之间仍应多方协力。

10.1.2 气象服务政策介绍

自党的十八大以来，数字经济的发展得到高度重视，数据要素驱动下的气象服务逐渐得到聚焦。2020 年 10 月，中国气象局印发《气象数据管理办法（试行）》，提出要完善数据要素在市场的合理配置机制，促进气象数据有序流动，提高数据要素质量与配置的效率，并对数据管理中的权责进行了明确。2022 年 5 月，国务院印发《气象高质量发展纲要（2022—2035 年）》，对未来我国气象发展进行了统筹部署，对气象科技的自主创新能力提出了更高的要求。针对气象服务的发展，纲要指出要推进气象服务的数字化、智能化转型，打造气象大数据服务平台，以面向全社会的气象服务支撑平台和众创平台，促进气象信息全领域高效应用。2022 年 5 月，中国气象局印发《进一步加强气象数据管理工作计划》，将统筹发展与安全，坚持以保障各类用户平等使用气象数据、促进高价值气象数据合规高效流通使用为主线，以建立安全有序、公平高效、技术先进、监管有力的气象数据管理和技术体系为目标，强化数据资源、平台和出口统筹，推进气象数据管理制度建设实施，提升安全保障能力，激活优质供给，引导气象信息服务市场健康发展，为推动气象事业高质量发展提供有力支撑。

在 2023 年 12 月发布的《“数据要素×”三年行动计划（2024—2026 年）》中将“数据要素×气象服务”单独成段，强调了数据要素在降低极端天气气候事件影响、创新气象数据产品服务、支持新能源企业降本增效等方面对气象服务的赋能，彰显出当下数据要素与气象服务的结合在农业、金融、新能源等领域的应用前景。2024 年 1 月，中国气象局印发《气象数据要素市场化配置机制建设工作方案（2024—2025 年）》，从制度完善、平台建设，以及对关键流程的把握上，对 2025 年之前气象数据要素市场化配置机制的进一步完善进行了规划，以实现气象数据要素价值潜能的充分释放。在制度完善方面，既要建立气象数据要素市场化配置总制度，为市场化配置划定红线，也要构建完善的气象数据产权保护制度、气象数据运营与交易制度及气象数据审查监管制度，夯实气象数据要素市场化配置进一步推广与深化的根基。在平台建设方面，一方面要建成气象数据授权运营平台，为授权运营单位提供加工和运营气象数据安全可信环境，并依托运营平台稳妥发展、探索培育气象数商；另一方面加快完善气象数据流通监管平台，围绕气象数据运营和交易跨主体跨区域需求，加快优化气象数据流通监管平台，实现监管平台与运营平台、数据交易机构交易平台互联互通。在对关键流程的把握方面，对授权运营、众创利用、气象数据身份证管理等关键流程积极开展试点，并围绕具有良好治理基础的地区，开展气象数据专项或综合试点，为相关制度的施行积累经验。

10.2 气象服务目前发展难点

虽然“数据要素×气象服务”受到了诸多政策方面的大力支持和战略层面的高度重视，但“数据要素×气象服务”目前仍处于发展的初期阶段，一方面作为新兴事物正在高速发展，另一方面由于缺少技术和经验，还存在较多的发展难点。要推动“数据要素×气象服务”行稳致远，发挥其推进供给侧结构性改革，服务各行各业高质量发展的功能，就应当正确认识发展过程中所遇到的难点，并采取措施对难点加以应对。目前，数据要素辅助决策机制尚不完善，服务供给难以适应多样化市场需求，气象服务起步晚、市场化水平低，气象科技成果转化难、市场认可度低等是“数据要素×气象服务”发展所面临的突出难点。

1. 数据要素辅助决策机制尚不完善

从气象数据到气象服务并不是一个“无为”的过程，而是需要健全的机制对这一过程加以推进。对公共治理方面的气象服务而言，数据要素的本质作用是辅助决策，不能仅局限于凭借技术对不同时间尺度的天气气候进行单纯预测。目前的气象服务从“预测”到“决策”之间还未形成完整的链条，针对气象预测的结果，需要有清晰规范的流程进行分析，以此确定科学合理的实施方案。此外，在组织协调方面需要加强部门之间的合作，减少气象服务过程中的突发情况（如天气预报失准、服务链接中断等）所产生的负面影响。

2. 服务供给难以适应多样化市场需求

随着人民生活水平的不断提高，气象服务的需求逐渐由“大众化”向“分众化”“小众化”发展，气象服务要满足精细化、智能化与个性化的全新需求。传统的决策气象服务仍占据主流市场，面向民众衣食住行的便民惠民气象服务产品在量上较少、在质上较低，暂时难以提供具有针对性强、精细度高、便利性优等特点的气象服务。在健康、旅游、康养、运动等领域，需要较为成熟的运营平台对气象数据进行整合，为用户提供可用的定制化气象服务。

3. 气象服务起步晚、市场化水平低

气象数据的应用，需要先进技术与制度的支持，相较于气象服务较为发达的国家，我国的气象服务起步晚，科技水平与气象服务发展较为成熟的国家相比存在代差，配套制度还不完善，受其限制，我国应用气象数据的气象服务产业市场化发展较为缓慢。在“放管服”改革的刺激下，我国的气象服务型企业有了一定的发展，但主要是小微企业，具有经营规模小、科技水平低及地域分布散的特点，缺少高端市场需要的先进技术储备（如多源数据融合与再分析技术、远洋航空气象服务技术等）及稳定的研发资金投入，气象数据还不能充分发挥其作用。

4. 气象科技成果转化难、市场认可度低

数据要素赋能的气象服务产业，是一个具有较高技术密集度的产业，气象科技成果的转化十分重要。目前，我国的气象科技成果转化能力有限，科研单位与业务单位之间存在较为严重的割裂，双方的目标也不一致，导致科技成果与实际应用之间存在较大的偏差。缺少有效的科技成果转化激励制度，科研人员没有足够的动力将其成果进行转化。对科研成果认定的周期长与指标限制，也降低了科研人员转化科技成果的积极性。此外，气象数据方面的科技成果转化不能很好地适应市场的需求，对其他产业发展的支持作用有限，导致气象科技成果转化在经济上的回报低，不利于成果转化的可持续性发展。

10.3　数据要素赋能气象服务

尽管“数据要素×气象服务”的发展过程很曲折，但不可忽视的是其发展前景光明。数据要素赋能气象服务，不仅推动了气象服务本身的转型发展，还以气象服务为中介，推动了社会经济方方面面的提质增效。

1. 提供决策支持，优化公共治理

在数据要素赋能下，气象服务相较以往有了更高的精准性与实效性，提高了对政府治理工作的支持能力，气象部门对于降水、干旱、降雨、降雪等天气，以及滑坡、台风、泥石流等自然灾害的预测精度与准时性得到了提高，有利于有关部门提前采取物资调度、发布警报、组织疏散等措施，避免或降低气象灾害造成的损失。在事后的抢险救灾、损失评估中，气象服务可以帮助政府选择更为高效的行动方案，在各个阶段、从多个角度为政府提供更为精细化的应急管理决策支持。

2. 畅通交通运行，降低事故风险

数据要素赋能气象服务，能够降低获取交通气象信息的难度。交警能够通过交通信息平台获悉天气预警信息，或者在导航软件平台向用户实时展示可视化气象情况，提供雨雪路面警告、交通突发事件警示等服务，降低了交通管理部门的交通治理成本，为经济社会平稳运行提供保障。气象数据的运用也有利于促进公交运输、无人配送的发展，通过与相关企业协作，建立无人交通气象信息网，为企业提供路线规划、行驶速度调整等服务，在提高用户满意度的同时，也推动了气象服务的创新应用。

3. 丰富流通机制，激活价值潜能

在数据要素赋能下，无数气象数据产品应运而生，也催生了诸多气象数据产品交易平台。气象数据产品交易平台为供需双方提供了磋商和交易的场所，使气象数据产品与现实应用的联系更加紧密。交易平台也为气象数据产品的价值转换提供了更加便捷高效的途径，能够刺激市场主体参与气象服务供给，推进气象数据产品在更多领域的应用落地。在市场化的运作下，“小、低、散”的气象服务产业境况将得到改善，能够进一步发挥气象服务支持实体经济发展的作用。

4. 支援农业农村，促进乡村振兴

借助气象数据完善气象服务对于农村的生产活动有着重要意义。在数据要素的支持下，气象服务不仅能够为农民提供未来天气状况的预测服务，还能综合农作物种植地的气象数据，对农作物的生长风险进行评估，并据此提供不同的保险服务，切实保障农民的利益。更加精准的交通天气预警系统能够对雨、雪、大雾等天气下的路况进行提示，有效降低农产品物流运输风险。精准高效的气象服务对渔业、水产养殖业的意义更为重大，能够帮助相关人员更加合理高效地安排作业计划，提高生产效率。

5. 配套能源设施，维护能源安全

“数据要素×气象服务”对推进新能源产业的发展具有不可忽视的作用。随着“双碳”目标的提出，我国的新能源产业布局加速，风电、水电、光电等的装机量持续上升，天气状况对我国电力供应的影响增大，极端天气对能源供应造成的威胁增多。因此需要更加精准的气象服务来支持我国新能源产业的稳定运行，预防输电侧与用电侧受气象灾害的损坏，增强预防气候风险的能力。从长期来看，新能源代替传统能源，有可能会对未来气候产生影响，需要充分利用气象数据对气候变化进行动态预测。

6. 盘活气候资源，推进旅游发展

气象旅游是气象资源与旅游产业相互融合产生的新兴产业，其发展能够带动经济、社会与生态共同进步，促进地区的高质量发展。数据要素的使用能够协助有关部门掌握当地气象特征，进而制定科学的旅游发展方案。借助气象数据，人们可以更好地了解各地特色自然景观的最佳观赏时间，地方相关部门在合适的时间为游客提供适宜的配套服务，将“流量”转化为“留量”，以壮大当地的旅游产业。

10.4　具体案例展示

案例一：云南大理多源数据融合助力高原湖泊生态建设

1. 背景与挑战

洱海作为我国典型的高原湖泊和著名的城郊湖泊，其生态环境状况对区域经济、社会发展具有重要影响。大理白族自治州气象局（简称大理州气象局）从 2011 年起，围绕洱海流域水环境保护治理的需求，进行了多方面的努力和探索。洱海流域的气象保障服务面临生态环境复杂多变、高原湖泊特殊气候条件对监测要求高，以及跨部门、跨学科数据融合难等挑战。大理州气象局通过建立水上生态气象观测系统和高密度特种气象观测，努力实现多源数据的互联互通和共享，推动生态环境的科学治理。

2. 数据要素解决方案

为应对洱海流域的气象保障服务挑战，大理州气象局采取了一系列数据要素解决方案。

（1）建立健全生态气象监测体系。

在洱海湖体上建成水上生态气象观测系统，布设高密度观测点，实现湖体、湖滨、山地、高空等多层次的立体化气象监测。

（2）推进多源数据融合。

与环保、水文等部门密切合作，构建生态气象大数据平台，整合气象、环保、水文等多源数据，实现数据的互联互通和共享。通过大数据分析和人工智能技术，对多源数据进行深度挖掘和综合分析，提供精准的气象预测和环境评估。

（3）实施智能化监测和预警。

利用物联网和云计算技术，提升气象数据采集、传输和处理效率，建立实时监测和预警系统。结合遥感技术，动态监测洱海流域生态环境变化，及时发现环境问题，提供科学决策支持。通过智能化设备和算法模型，对气象数据进行自动化处理，提高监测精度和响应速度。

（4）加强跨学科合作和技术创新。

建立生态气象与环保、水文等领域的联合实验室和研究中心，开展跨学科研究和技术攻关，推动生态气象理论与应用技术的创新发展。利用多源数据和先进技术，制定科学的生态治理方案，提供针对性、可操作的保护和治理措施。

3. 实际应用效果

通过实施数据要素解决方案，大理州气象局在洱海流域的气象保障服务方面取得了显著成效。立体化生态气象综合监测系统提高了监测精度和覆盖面，确保了对湖体及周边生态区域的持续监测，为生态保护提供了翔实的数据支撑。多源数据融合和大数据分析提升了气象预测和环境评估的准确性，实现了全面监控和精准评估。智能化监测和预警系统提高了数据处理效率，动态监测生态环境变化，及时应对潜在问题。跨学科合作推动了生态气象理论和技术进步，形成了科学的治理方案。整体来看，这些措施显著提升了洱海流域的气象保障服务水平，为生态环境的精准治理和科学保护提供了有力技术支持和保障。

案例二：平江县气象旅游，以数据发掘气象资源价值新源泉

1. 背景与挑战

平江县位于湖南省东北部，地表径流丰富，水网密集。多山地丘陵，森林覆盖率高，空气质量较高，拥有幕阜山、石牛寨、福寿山、北罗霄、黄金河五大国家级森林或湿地公园，自然条件优越，旅游资源丰富。近年来，平江县抓住了旅游业发展的机遇，尤其是旅游与气象深度融合的发展方向，依托当地森林覆盖率高、空气中负氧离子高的优势，结合当前旅游重视康养的趋势，积极打造"中国天然氧吧"，在福寿山森林康养度假区进行天气气象科普建设等。

然而，气象旅游存在的痛点主要是如何正确开发当地的气象资源，将其进一步转化为旅游资源。旅游服务对区域天气状况有较高要求，需要精准的气象预报以保障旅游活动的顺利进行和游客的安全。面对这些挑战，平江县政府采取了一系列举措，充分利用数据要素打通各个环节的难点，促进"气象＋旅游"模式的高质量发展。

2. 数据要素解决方案

为解决气象旅游中的痛点和难点，平江县政府在技术和管理方面采取了众多措施。

（1）空气质量监测与管理。

在多个景区建设负氧离子监测站，用于检测空气中负氧离子浓度，实现对空气质量的监测。通过对这些数据的收集和分析，强化对空气质量的管理，并将其转化为气象旅游资源，推进以康养为主题的旅游模式发展。

（2）公开数据与口碑建设。

借助景区、酒店显示屏或手机短信对空气质量数据进行公布，公开监督空气质量，以实际环保成效推动景区良好口碑的形成。

（3）气象与文旅部门合作。

气象部门与文旅部门合作，打造"景区生态气象服务＋气象灾害预警服务"的综合服务模式。通过印发《关于进一步加强旅游景区景点气象灾害安全工作的通知》，完善合作机制，提高气象预报与灾害预警的准确性，增强旅游旺季的应急管理能力，降低安全隐患。

3. 实际应用效果

（1）开发气象资源的经济价值。

气象旅游模式帮助当地充分发掘气象资源的潜在经济价值，开辟了新的旅游业态，带动了当地经济发展。

（2）提升生态保护意识。

以气象资源为核心的旅游模式，增强了当地保护生态环境的意识，为生态环境保护提供了动力，践行了“绿水青山就是金山银山”的可持续发展理念，促进了人与自然的和谐共生。

（3）优化公共治理。

数据要素赋能气象部门，在与文旅部门的合作中，优化了公共治理，体现了当地经济的高质量发展。

（4）提高旅游声誉与竞争力。

对气象数据的公开，有助于提高当地气象旅游的声誉，推动气象特征向品牌特征转变，增强当地旅游行业的竞争力。

综上所述，平江县通过数据要素赋能，推动了气象旅游的发展，带来了经济、社会和环境多方面的积极效应。这一模式为其他地区的旅游业开发提供了有力的借鉴。

案例三：湖北省气象数据驱动下的气象灾害预警建设实践

1. 背景与挑战

天气预警在降低气象灾害破坏方面扮演着关键角色，体现了气象服务的重要性和决策价值。然而，有效利用先进的气象观测仪器提取有价值的气象信息，以支持预警决策，并协调各部门、各层级通力合作，采取正确的行动方案，是一个具有挑战性的任务。

湖北省位于我国的亚热带季风气候区，具有充足的光热资源，但降水量年际变化幅度大，主要发生在 5—9 月。由于受到华南准静止锋的影响，6 月中旬至 7 月中旬是降水量的高峰期，容易发生强降水、洪涝、滑坡、泥石流等次生灾害。冬季主要气象灾害为低温冻害与干旱，对农业生产造成一定破坏。由于降水量自南向北递减，湖北省在实施气象预警服务时面临一定的复杂性。

2. 数据要素解决方案

对于气象科技应用方面，积极优化预警技术，提高对数据的收集和应用能力。湖北省气象局对雷达技术进行开发，优化了雷达的性能，将其对于短期强降水的预测准确率提高至 70%，并对 4 类灾害性天气预警进行系统集成，缩短了雷达拼图的时效，对预测的时间进行提前。对于卫星的使用，与国家卫星气象中心进行合作，开展专题培训活动，提高各级预报员对卫星资料的使用能力。

在实现有效预警方面，湖北省采取了一系列措施。在预警信号标准制定方面，在宜昌市积极推行试点，制定并完善了《气象灾害预警信号发布规范实施细则》，探索实现预警信号的标准化。为解决预警信号传播渠道不畅的问题，湖北省与通信运营商合作，实现了橙色与红色预警信号的短信覆盖。在气象预警相关法治建设方面，充分吸取调研中的经验，对《湖北省气象灾害预警信号发布与传播管理办法》进行修缮，初步对预警信号的发布与传播进行了法律上的界定。此外，还实行了各级部门气象信息员培训、完善并加强监督检查等措施。

3. 实际应用效果

2023 年，当地在应对汛期强降雨、山洪、特大暴雨洪涝灾害与地质灾害时，实现了“零伤亡”和“少损失”。针对当年 7 月 4 日恩施土家族苗族自治州特大暴雨时，该地气象部门有效开展逐级“叫应”服务，实现了自上而下、自气象部门到其他部门高效的预警信号传递，当地基层政府在气象部门的信息支持下及时开展了三千余人的紧急避险转移，避免和降低了滑坡所造成的伤亡与损失。

湖北省气象部门从气象技术及预警机制两方面入手，提高了当地气象部门获取、读取和使用气象数据的能力，并畅通了预警信号从气象部门到其他部门与当地居民的信息传播通路，提高了气象预警工作的协调性，有效提高了当地的公共治理能力，推进了治理体系与治理能力现代化。

10.5 本章小结

当前，“数据要素×气象服务”的发展成效已经在公共治理、新能源、旅游业、农业等领域有所展现，在促进我国的治理体系和治理能力现代化、推进供给侧结构性改革、推进乡村振兴战略等方面发挥了重要的作用，为我国的高质量发展提供了新的发力点。但目前“数据要素×气象服务”也存在技术不够先进、运行机制不够完善、缺少实践经验与人才支持等问题。此外，“数据要素×气象服务”在我国的发展水平还不平衡、不充分，并未实现全国范围的推广。由于数据本身的敏感性，建立完备的监管制度也是必要之举。

为了提升气象服务的效能，本书提出以下建议。

（1）完善监管制度和规范数据收集。

气象数据在军事和生产领域具有重大意义，其安全对国家安全至关重要。建立完善的监管体系，包括公司准入、人员资质评定、仪器装备认证等，确保市场规范运转，减少乱象。同时，应制定严格的评估和鉴定标准，管理气象观测行为，明确数据收集者的职责并提高评估部门的专业性，促进市场公平有序。

（2）推进法治建设，明确多方关系。

建立完善的法律法规体系，明确政府与气象服务企业的职责边界，处理好双方关系，避免守序者权益受损，释放市场主体的活力，并根据气象服务的发展情况及时完善配套法规，针对不同产业情况进行专门化规定。

（3）加强人才培养，顺应数据发展。

培养与需求相适应的技术型和管理型人才，支持气象数据收集、应用和平台开发。高校应完善培养方案，政府应提供政策支持，确保人才与岗位匹配，并借助国内外专家的专业支持，确保充足的人才储备。

第 11 章

数据要素 × 城市治理

在数字化浪潮中，城市治理正经历着一场深刻的变革，许多城市正致力于将数据要素更好地应用于城市治理中。本章首先介绍城市治理的发展现状与政策情况，然后分析城市治理普遍存在的发展难点，接着阐述数据要素如何赋能城市治理，最后通过具体案例展示数据要素在解决城市治理问题中的实际应用。

11.1 城市治理发展情况与政策介绍

11.1.1 城市治理发展情况

1. 发展历程

我国城市治理发展经历了初期探索阶段、快速发展阶段、质量提升阶段和现代化治理阶段四个主要阶段。这些发展阶段不仅反映了我国城镇化进程的变化，也体现了不同时期我国城市治理理念和实践的不断创新和完善。

（1）初期探索阶段（1949 年到 1978 年）。

计划经济背景下的城市规划。新中国成立初期，城市治理处于探索阶段，这一阶段的主要任务是恢复和重建受到战争破坏的城市基础设施，并初步建立社会主义城市治理体系。在计划经济体制下，城市治理以国家计划为主导，政府在城市管理中发挥绝对主导作用。

社区管理是此阶段城市治理的重要组成部分。政府通过建立基层人民公社和街道办事处，不仅有效地组织和动员了城市居民参与城市建设和管理，也为居民提供了基本的社会服务，维护了城市的稳定运行。同时，户籍制度的实施在控制城市人口规模、防止过度城镇化方面起着重要作用。

（2）快速发展阶段（1979 年到 2000 年）。

经济体制改革催生城市扩张。改革开放后，随着经济的快速发展和人口的大量流动，城市化进程加快。这一时期，城市规模迅速扩张，大量农村人口涌入城市。

城市问题的积累与应对。虽然城镇化带来了经济增长，但也伴随着诸多问题，如基础设施不足、环境污染和社会治安等问题。政府的治理理念开始转变，逐步意识到需要系统化的城市治理模式来应对这些问题。

（3）质量提升阶段（2001 年到 2015 年）。

从规模扩张到质量提升。进入 21 世纪，我国城镇化率已超过 60%，城镇化的发展重点转向提升城市发展的质量。此时，城市治理的目标不仅是经济发展，还包括社会稳定、环境保护和居民生活质量的提升。

治理创新与公众参与。政府开始推进治理体系的创新，注重自下而上的社区治理和公众参与。例如，通过政策支持鼓励市民参与城市管理，提高治理的透明度和公信力等。

（4）现代化治理阶段（2016 年至今）。

全面系统的城市治理体系。在习近平新时代中国特色社会主义思想的指导下，城市治理更加注重系统性、科学性和法治性。2020 年，习近平总书记在浙江考察时，强调推进国家治理体系和治理能力现代化，必须抓好城市治理体系和治理能力现代化。

科技与智能化的应用。随着科技的发展，智慧城市建设成为新趋势，政府开始运用科技手段提升城市管理的效率和精细化水平。例如，利用智能交通系统缓解交通拥堵问题，利用智慧环保平台监测和治理环境污染等。

2. 发展特色

新型城市治理强调以人为本，我国的新型城市治理具有以下三个特色。

（1）中国特色。

城市治理的新模式要适应我国具有中国特色的新型城镇化进程。以人民为中心，满足人民需求，提高宜居性、包容性和人文性；以国情为基础，考虑历史背景、现实条件和未来趋势，因地制宜，避免一刀切；以文化为魂，传承历史文化，弘扬社会主义核心价值观，打造有中国特色的城市文化。

（2）协调性。

通过推进技术、数据和业务的融合，提升城市治理和服务水平。依托平台，利用大数据、云计算等技术，构建城市治理和服务平台；以网络为纽带，打造城市网络体系，实现城市间的互联互通与协调发展；以机制为保障，完善以法治、市场和社会参与为基础的治理和服务机制，推动多元主体的有效协作。

（3）创新性。

通过应用数据要素和前沿信息技术，优化城市管理模式。以科技为引领，加快推进城市数字化、智能化、绿色化转型；以需求为动力，创新治理理念、方法和手段；以试验为突破，探索和实践城市治理，建立试点、示范、推广机制。

3. 发展目标

（1）加快数字化基础设施建设。

首先，加大对 5G 网络、物联网和云计算等核心技术的投入与部署，确保广泛覆盖和稳定运行。其次，建立跨部门、跨行业的数据共享平台，打破“数据孤岛”，实现数据的高效流通和利用。最后，推进智慧城市、智能交通和工业互联网等应用场景的落地，提升各行业的数字化转型水平，并且构建安全、开放且高效的数字化基础设施生态体系。

（2）落实三个智能化升级。

重点推进智慧交通、智能环境监测和智能社区三大领域的智能化升级。首先，智慧城市的交通系统正在向智能化迈进，智能交通信号灯、智能停车系统和智能公交站点的应用，有效缓解了交通拥堵，提升了交通效率。其次，城市环境监测系统通过传感器和监测设备实现智能化，能够实时监测空气质量、水质和环境污染等重要指标，便于政府及时采取措施改善城市环境。最后，智能社区将居民、企业和政府紧密连接，促进信息共享与协作，使得交通管理、环境保护和社区服务都能从智能化建设中受益，进一步提升城市的整体管理效率和居民生活质量。

（3）可持续发展。

可持续发展涉及经济、社会和环境三个维度，要求实现经济增长、社会进步和环境保护三者的协调和平衡。可持续发展是我国高质量发展的重要标志和指引。智慧城市的发展必须以可持续发展为目标，在城市规划、资源利用、环境保护等方面考虑长远利益，实现经济、社会和环境的协调发展。

总的来说，我国城市治理旨在通过智慧化手段提升城市治理水平与效率，同时也面临着如何平衡技术应用与个人隐私保护、数据安全等挑战。随着技术的进步和治理经验的积累，我国的城市治理将朝着更加高效、智能、绿色和人本的方向发展。

11.1.2 城市治理政策介绍

城市治理是国家治理的重要组成部分，也是推进国家治理体系和治理能力现代化的重要内容。习近平总书记指出[①]：做好城市工作，首先要认识、尊重、顺应城市发展规律，端正城市发展指导思想。要强化依法治理，善于运用法治思维和法治方式解决城市治理顽症难题，努力形成城市综合管理法治化新格局。要推动城市治理方式从传统治理向现代治理、从定性治理向“循数”治理、从经验治理向科学治理转变，更精准便捷地为居民提供公共服务，不断增强城市应对各种挑战的适应能力和韧性。

---

① 资料来源：习近平主持召开的中央财经领导小组第十一次会议上的讲话。

为了贯彻落实习近平总书记的重要指示，中共中央、国务院先后出台了一系列关于城市治理的政策文件，如《关于加强基层治理体系和治理能力现代化建设的意见》《关于推进城市治理体系和治理能力现代化的指导意见》《关于加强城市规划建设管理工作的若干意见》等，为推进城市治理现代化提供了重要的指导和保障。这些政策文件主要涵盖了完善党全面领导基层治理制度、加强基层政权治理能力建设、健全基层群众自治制度、创新基层社会治理方式、提高基层公共服务水平等方面。

城市治理作为关系到人民生活质量、社会稳定和经济发展的重要领域，近年来在中国得到了越来越多的关注。政府部门、企业和社会组织都在积极探索城市治理的新模式，使城市治理尽快实现从传统管理到现代化治理的转变，以应对日益复杂的城市挑战。政策方面，我国出台了一系列鼓励数字化、智能化的政策，旨在通过法治化、科学化、精细化、智能化提升城市治理水平，推动城市治理的现代化。2023 年 12 月 31 日，国家数据局等 17 部门联合印发的《“数据要素×”三年行动计划（2024—2026 年）》中提出要通过优化城市管理方式、支撑城市发展科学决策、推进公共服务普惠化、加强区域协同治理等方面来提高城市治理水平。

11.2　城市治理目前发展难点

城市治理是一个涉及多方面、多层次、多主体参与的复杂系统。随着城镇化进程的加速，城市治理面临的挑战日益增多，这些挑战不仅涉及城市的规模扩张、经济发展、信息管理等，还包括治理机制、治理结构、智慧化水平等多个方面。下面列出城市治理目前发展的主要难点。

1. 城市规模扩张带来更大治理压力

随着城镇化率的提高，我国城市人口不断增加，城市规模扩大使得城市治理面临更大的压力。首先，城市交通拥堵严重影响居民出行和生活质量，如何优化交通管理、改善交通设施，是目前城市治理的一大挑战。其次，城市环境污染问题日益突出，如何平衡经济发展与环境保护，推动绿色发展，是城市治理亟须解决的难题。再次，城市人口增长带来的社会治安与公共安全问题也对居民生活造成了较大影响，如何加强社会治安管理，提高公共安全水平，是城市治理的重要课题。最后，城市人口的不断增加使得城市资源愈加紧张，如何改善人口密集、资源有限的城市环境，确保公共服务的广泛覆盖和质量，是城市治理面临的问题。

2. 城市发展不平衡问题尚未解决

当前，城市发展的不平衡现象仍然显著，这一现象在多个维度上均有体现。由于资源配置的不均、产业结构的差异以及区位优势的不同，城市间的经济发展水平呈现出明显的差距。一些大城市凭借其强大的集聚效应，汇聚了更多的产业、企业和就业机会，而小城市或农村地区的经济发展则相对滞后。这种不平衡不仅可能导致资源的浪费和人口的过度流动，还可能引发社会的不稳定因素。特别是在智慧城市的建设过程中，城市治理对通信、网络等基础设施提出了更高的要求。然而，由于经济发展水平的不平等，部分城市特别是中西部和一些欠发达地区难以满足智慧化治理的需求，这进一步加剧了区域发展不平衡的问题。目前，我国东部城市在经济发展和基础设施建设方面表现突出，而中西部城市的发展速度则相对缓慢。这种区域性差距已经成为制约全国均衡发展的重要障碍。因此，我们需要采取有效措施，促进城市间的协调发展，缩小区域差距，以实现全国范围内的均衡发展。

3. 城市治理中存在“信息孤岛”问题

许多城市的不同职能部门之间的数据管理分散，导致信息采集、分类、归档、处理标准不统一，影响了信息整合与共享。与此同时，一些部门出于各种考虑，对数据共享的积极性不高，缺乏协同联动机制，而城市治理是一项系统性工程，往往需要多部门齐心协力。部门合作机制的不完善导致了“信息孤岛”问题，成为城市治理中的一个难题。

（1）信息数据难共用。

不同部门之间的信息数据无法有效共享和利用，导致资源分配不均衡。

（2）信息交换难共通。

不同部门之间的信息交流存在障碍，造成信息流通不畅。

（3）信息运用难共享。

信息在不同部门之间的应用和共享受到限制，影响了城市治理效率。

（4）信息处理难协同。

信息处理和分析缺乏协同机制，导致数据孤立和冗余。

4. 城市基层治理建设有待加强

城市基层治理是国家治理现代化建设中的一项基础工程，但当前许多城市的基层治理建设较为薄弱。

（1）统筹协调不足。

基层治理涉及领域广、参与部门多，需要各级政府、组织共同发挥作用，需要建立能够统筹各部门的领导体制和工作机制，为良好的城市治理提供制度支撑。

（2）党建引领不够。

党建引领是我国城市基层治理体系的关键力量，改善城市基层治理需要夯实与加强党建引领建设，为城市治理体系建设提供保障。

（3）制度设计不到位。

完备的基层治理制度是推动基层治理建设的重要前提。部分城市相关体制机制改革仍需推进，导致城市基层治理的各个主体间存在权责不统一、职责界限模糊等问题。需要不断加强制度设计，合理厘清权责边界。

（4）智慧化水平有待提高。

尽管我国智慧城市建设已经取得了一系列成果，但仍未完全下沉到基层，因此需要不断推动理念、制度与技术创新，积极解决城市基层治理的问题，实现城市基层治理的精细化。

5. 城市治理智慧化水平有待提高

城市治理智慧化是推动城市治理现代化的重要方式，但目前仍存在一些问题。

（1）数据共享和互通不足。

一些城市数字化程度不高，导致数据无法互通，形成“信息孤岛”等现象。

（2）智慧应用不够广泛。

智慧城市需要综合运用区块链、大数据、云计算、人工智能等先进技术，但一些城市的技术仍不成熟，导致应用较为有限。各个城市需要加强前沿技术的研发与普及，推动智慧应用的广泛落地，让技术服务于城市治理的各个领域。

（3）社会认知和参与不足。

尽管智慧城市在我国已经有了一定的发展基础，但大部分公众对智慧城市的认知有限，还未充分认识到智慧城市对生活的积极影响，从而削弱了城市治理智慧化的作用。因此需要加强公众教育，提高市民对智慧城市的认知，鼓励市民参与智慧城市建设。

（4）法治和隐私保护存在问题。

智慧城市的实现涉及大量个人数据的使用与管理，如何保护隐私，确保法治原则得到落实，是城市治理智慧化建设中的一大挑战。

11.3 数据要素赋能城市治理

城市治理是实现城市高质量发展的重要内容，也是推动国家治理体系和治理能力现代化的重要途径。随着数字技术的不断创新和应用，城市治理进行数字化转型成为一种重要选择，数据要素赋能城市治理成为一种必然趋势。数据要素是城市治理数字化的基石，其应用范围包括交通流量监控、公共安全、环境保护、能源管理等多个方面，它们共同构成了城市治理的数字化框架。下面从三个方面分析数据要素如何赋能城市治理。

11.3.1 数据要素是重要资源

数据是数字化转型的核心要素，数据要素是城市治理的重要资源。数据要素主要包括数据来源、数据质量、数据安全和数据共享四个方面，它们奠基了城市治理的数字化基础。

1. 数据来源

数据来源是指数据的产生、采集和获取的方式和渠道。城市治理涉及多个领域和层面，需要多元化、多维度、多层次的数据支撑。数据来源可以分为政府数据、社会数据和商业数据三类。

（1）政府数据。

政府数据是指政府部门和机构在服务公众与履行职能过程中产生和收集的数据，如行政审批、公共安全、社会保障、环境监测等数据。

（2）社会数据。

社会数据是指社会组织和个人在参与社会活动和公共事务过程中产生和分享的数据，如社会组织的调查报告、个人的社交媒体动态、志愿者的服务记录等数据。

（3）商业数据。

商业数据是指企业和市场主体在经营活动和市场交易过程中产生和使用的数据，如财务报表、市场交易、消费者行为等数据。

数据来源的多样性和丰富性有利于提高数据的覆盖面和代表性，为城市治理提供更全面和更真实的数据支撑。

2. 数据质量

数据质量是指数据的准确性、完整性、时效性和一致性等特征。数据质量是衡量数据价值和可用性的重要标准，也是保障数据赋能城市治理的前提条件。数据质量的高低直接影响数据的分析和应用效果，数据质量太差甚至可能导致错误的决策和行动。因此，提高数据质量是数字化转型的重要任务。提高数据质量需要从数据的生产、传输、存储、处理和使用等环节进行规范和监督，建立健全数据质量管理制度和机制，采用先进的技术手段和方法，如数据清洗、数据校验、数据融合、数据标准化等，提升数据的可信度和可靠度。

3. 数据安全

数据安全是指数据的保密性、完整性和可用性等方面的保障。数据安全是数字化转型的重要保障，也是维护国家安全和社会稳定的重要内容。数据安全面临着多种威胁和风险，如数据泄露、数据篡改、数据破坏、数据攻击等。这些威胁和风险可能来自外部的黑客、恶意软件、网络攻击等，也可能来自内部的人为失误、管理缺陷、制度漏洞等。因此，保障数据安全需要从技术、法律、制度、管理等多个层面进行综合防范和应对，建立健全数据安全法规和标准，加强数据安全教育和培训，提升数据安全意识和能力，建设数据安全防护和监测系统，及时发现和处置数据安全事件。

4. 数据共享

数据共享是指数据的交换、流通和利用的过程和方式。数据共享是数字化转型的重要手段和目标，也是提升数据价值和效益的重要途径。数据共享可以促进数据的整合和融合，打破“数据孤岛”和壁垒，提高数据的利用率和效率。数据共享可以促进数据的创新和应用，激发数据的潜力和活力，推动数据驱动的决策和治理。数据共享可以促进数据的开放和透明，增强数据的公信力和影响力，提升数据赋能的公共性和普惠性。实现数据共享需要从数据的所有权、访问权、使用权等方面进行明确和协调，建立健全数据共享的规则和机制，平衡数据的安全和效益，协调数据的私利和公益，形成数据的合作和共赢。

11.3.2　数据要素提供数字化解决方案

数字化解决方案是指利用数字技术和工具，针对城市治理的具体问题和需求，提出的创新的思路和方法，这些解决方案的核心在于数据要素的有效运用。数据要素是数字化解决方案成功实施的前提，而数字化解决方案是数据要素价值实现的舞台，两者相辅相成，共同推动城市治理的数字化转型和现代化进程。当前的数字化解决方案主要包括数字化平台、数字化工具和数字化服务三个方面。

1. 数字化平台

数字化平台是指基于互联网、云计算、物联网等技术，搭建的集数据采集、存储、分析、展示、应用于一体的综合性系统。数字化平台是数据要素赋能城市治理的重要基础，也是城市治理的重要载体。数字化平台可以分为政府数字化平台、社会数字化平台和商业数字化平台三类。

（1）政府数字化平台。

政府数字化平台是指政府部门和机构为提供公共服务和管理公共事务而建立的由数据要素驱动的平台，如政务服务平台、智慧城市平台、应急管理平台等。

（2）社会数字化平台。

社会数字化平台是指社会组织和个人为参与社会活动和公共事务而建立的由数据要素驱动的平台，如社会组织平台、志愿者平台、社交媒体平台等。

（3）商业数字化平台。

商业数字化平台是指企业和市场主体为开展经营活动和市场交易而建立的由数据要素驱动的平台，如电商平台、金融平台、共享平台等。

数字化平台的建设和运行需要遵循统一的标准和规范，实现数据的互联互通，形成数据要素的网络和生态，为城市治理提供数据支撑和技术支持。

2. 数字化工具

数字化工具是指基于人工智能、大数据、区块链等技术，开发的具有特定功能和用途的软件或硬件。数字化工具是城市治理数字化转型的手段和辅助，也是城市治理的重要工具。数字化工具可以分为数据分析工具、数据应用工具和数据安全工具三类。

（1）数据分析工具。

数据分析工具是指用于对数据进行清洗、校验、整合、挖掘、分析的工具，如数据预处理工具、数据统计工具、数据库等。

（2）数据应用工具。

数据应用工具是指用于对数据进行展示、可视化、交互、应用的工具，如数据仪表盘、数据图表、数据模型、数据智能等。

（3）数据安全工具。

数据安全工具是指用于对数据进行加密、解密、备份、恢复、防护、监测的工具，如数据加密算法、数据备份系统、数据安全防火墙、数据安全审计等。

数字化工具的开发和使用需要遵循用户需求和场景适应，实现数据要素的价值最大化，为城市治理提供数据分析和应用能力。

3. 数字化服务

数字化服务是指基于数字化平台和工具，为城市治理的各个主体和对象提供的便捷、高效、优质的服务。数字化服务是数据要素赋能城市治理的结果和目标，也是城市治理的重要形式。数字化服务可以分为政府数字化服务、社会数字化服务和商业数字化服务三类。

（1）政府数字化服务。

政府数字化服务是指政府部门和机构利用数据要素，为公民和社会提供的公共服务和公共管理，如政务服务、智慧城市服务、应急管理服务等。

（2）社会数字化服务。

社会数字化服务是指社会组织和个人利用数据要素，为社会和公民提供的社会服务和社会参与，如社会组织服务、志愿者服务、社交媒体服务等。

（3）商业数字化服务。

商业数字化服务是指企业和市场主体利用数据要素，为市场和消费者提供的商业服务和商业创新，如电商服务、金融服务、共享服务等。

数字化服务都以数据要素的有效使用为前提，为用户提供便捷、高效、优质的服务，优化用户体验，实现服务的创新，为城市治理提供重要支撑。

11.3.3　数据要素实现数字化效果

数字化效果是指数字化转型对城市治理的影响和贡献，体现在城市治理的效率、效果、效益等方面。在城市治理的数字化转型过程中，数据要素是基础，而数字化效果是目标。数据要素是实现数字化效果的前提和保障，而数字化效果是数据要素价值的体现和检验。数字化效果主要包括数字化提升、数字化创新和数字化赋能三个方面。

1. 数字化提升

数字化提升是指数字化转型对城市治理的现有模式和方法的改进和优化，提高城市治理的效率和质量。数字化提升可以体现在以下几个方面。

（1）提高城市治理的信息化水平，实现数据的全面采集、及时更新、快速传递、准确反馈，为城市治理提供信息支持和信息保障。

（2）提高城市治理的智能化水平，实现数据的深度分析、智能决策、自动执行、智能监督，为城市治理提供智能支持和智能保障。

（3）提高城市治理的协同化水平，实现数据的跨部门、跨层级、跨领域、跨主体的共享和协作，为城市治理提供协同支持和协同保障。

（4）提高城市治理的便捷化水平，实现数据的在线化、移动化、互动化、个性化的服务和管理，为城市治理提供便捷支持和便捷保障。

2. 数字化创新

数字化创新是指数字化转型对城市治理的新的模式和方法的探索和实践，推动城市治理的创新和发展。数字化创新主要通过使用数据要素来创新城市治理的技术和工具，从传统的以人工、纸质、线下等为主的方式，转变为以数字、网络、智能等为主的方式，实现城市治理的数字化和智能化。数字化创新可以体现在以下几个方面。

（1）智能制造。

数据要素驱动制造业实现自动化流程与智能化生产，提高生产效率。

（2）数字化营销。

数据要素驱动企业通过社交媒体、在线广告、搜索引擎优化等方式更好地推广产品与服务。

（3）电子商务。

数据要素驱动网上购物、电子支付等新型消费与交易方式的兴起与普及。

（4）数字医疗。

数据要素驱动医疗保健借助远程诊断、电子病历等方式实现更加便捷高效的诊疗。

3. 数字化赋能

数字化赋能是指数字化转型对城市治理的潜力和价值的挖掘和释放，提升城市治理的效益和影响。数字化赋能可以体现在以下几个方面。

（1）赋能城市治理的公共性和普惠性。通过数据的开放和共享，让更多的人参与和受益于城市治理，实现城市治理的公开和透明，增强城市治理的公信力和公认度。

（2）赋能城市治理的活力和竞争力。通过数据的创新和应用，激发城市治理的动力和潜力，实现城市治理的优化和创新，提高城市治理的效率和质量。

（3）赋能城市治理的可持续性和包容性。通过数据的分析和预测，引导城市治理的规划和发展，实现城市治理的平衡和协调，增强城市治理的可持续性和包容性。

（4）赋能城市治理的示范性和引领性。通过数据的比较和评价，展示城市治理的成就和经验，实现城市治理的交流和学习，增强城市治理的示范性和引领性。

综上所述，城市治理数字化转型是一项具有复杂性与长期性的系统工程，需要从各个方面进行全面和深入的研究和实践，实现数字化赋能城市治理的目标。第一，数据是数字化转型的基础和核心，需要重视数据的来源、质量、安全和共享，建立健全数据的管理制度和机制，提高数据的可用性和价值。第二，数据要素是构建有效解决方案的基石，数字化解决方案是数字化转型的手段和辅助，需要重视数字化平台、工具和服务的建设和运行，遵循用户需求和场景适应，提高数据的分析和应用能力。第三，数据要素是实现数字化效果的基础，数字化效果是数字化转型的结果和目标，需要重视数字化提升、创新和赋能的影响和贡献，评估和监测数字化转型的进程和效果，实现数字化赋能城市治理的优化和创新。第四，数字化转型是一项系统性、复杂性、长期性的工程，需要建立多元化、协同化、开放化的数字化治理体系，形成政府、市场、社会、公民等多方的参与和合作，实现数字化赋能城市治理的协调和平衡。第五，数字化转型是一项具有挑战性、风险性、不确定性的工程，需要加强数字化治理的法律和伦理规范，防范和应对数字化转型可能带来的负面影响和问题，实现数字化赋能城市治理的安全性和可持续性。

11.4　具体案例展示

案例一：烟台市搭建镇街和社区数据应用平台探索数据赋能基层治理新模式

1. 背景与挑战

随着数字化时代的到来，政务数据的应用和管理成为提升基层治理能力和效率的重要手段。然而，基层治理中常面临着基础数据不清、获取数据无门和报表重复填报等数据困境。

（1）基础数据不清。

基层治理涉及大量的基础数据，但数据来源分散，难以全面、准确地掌握。

（2）获取数据无门。

基层单位在获取上级或其他部门数据时，常常遇到权限、渠道等问题，导致数据获取困难。

（3）报表重复填报。

由于缺乏统一的数据平台，不同部门、单位在数据报送时存在重复填报现象，增加了基层负担。

为了破解这些难题，烟台市依托一体化大数据平台，建立了以镇街综合数据平台和社区数据微平台为主要内容的基层数据应用体系。

2. 数据要素提供数字化解决方案

（1）镇街综合数据平台。

平台提供基础数据、数据返还、数据应用、报表共享、数据治理五大功能。通过该平台，基层单位可以便捷地获取所需数据，减少重复填报，提高工作效率。平台建设了疫苗接种信息查询、公民生存状态核验、学历信息查询等19类应用场景，累计提供数据核验服务8000余万次。

（2）社区数据微平台。

为将数据延伸到社区，市大数据局将镇街综合数据平台的部分能力下沉到社区，建成了社区数据微平台，推送95类政务数据，融合到127个应用场景中。平台在疫情防控、民生保障、经济发展等方面提供了精准的数据服务。例如，实现了疫苗接种、核酸检测等数据自动比对；在高龄津贴、残疾人补贴发放等场景实现了人口精准比对、数据主动发现和结果自动公示；为辖区内企业建立了“一企一档”，帮助基层为企业提供精准服务。

（3）报表共享与自动流转。

平台实现了镇街和社区之间报表的自由定制、自动汇集和自动流转，减少了重复报表填报的现象，减轻了基层负担。

（4）基层数据应用平台。

结合一体化大数据平台县级子节点建设，市大数据局对镇街综合数据平台的功能进行了升级，建成了基层数据应用平台，将其拓展到市县两级部门使用，形成了市县乡社区四级基层数据应用体系。

3. 数据要素实现数字化效果

（1）数据核验服务。

镇街综合数据平台累计提供数据核验服务8000余万次，社区数据微平台在莱山区138个社区试点应用，共收录基层数据资源目录68个，数据量203万条，累计提供数据核验服务510万余次。

（2）精准服务与应急管理。

疫情防控方面，平台实现了疫苗接种、核酸检测等数据自动比对，提高了疫情防控的效率和精准度；民生保障方面，通过高龄津贴、残疾人补贴发放等场景的数据比对和公示，实现了精准服务；经济发展方面，为企业建立“一企一档”，提供了精准的企业服务。

（3）综合治理能力提升。

市退役军人事务局依托平台全面掌握服务对象就业创业等需求，为全市 456 名退役军人精准推荐岗位 2100 余个；市乡村振兴局依托平台完成全市 2800 多人次的农户资产信息比对，帮助 46 户 86 人纳入监测帮扶范围。

（4）减轻基层负担。

通过报表共享与自动流转机制，减少了基层单位的重复报表填报工作，减轻了基层负担，提高了工作效率。

综上所述，烟台市通过一体化大数据平台，建立了完善的基层数据应用体系，有效解决了基层治理中的数据困境，提升了数据应用实效，推动了基层治理的现代化和智能化发展，为其他地区提供了有益的经验和借鉴。

案例二：北京“回天大脑”超大型社区社会治理创新实践

1. 背景与挑战

北京市昌平区回龙观、天通苑地区（简称“回天地区”）是亚洲最大的居住社区，拥有近百万人口，面临着职住失衡、交通拥堵、公共服务滞后等一系列问题，曾一度“回天乏术”，传统的基层治理模式难以适应复杂的社会需求。为了优化提升回天地区的公共服务和基础设施，北京市于 2018 年出台了《优化提升回龙观天通苑地区公共服务和基础设施三年行动计划（2018—2020 年）》，并在 2021 年制定了《深入推进回龙观天通苑地区提升发展行动计划（2021—2025 年）》，涵盖了教育、医疗、文体、交通、绿化、环境、社会管理等多个领域，共计 170 余个项目，投入资金超过 300 亿元，“回天大脑”正式应用，让回天慢慢“有术”。

2. 数据要素提供数字化解决方案

为了更好地实施和监督行动计划，昌平区委区政府与市经信局成立联合工作组，建立了“回天大脑”城市大脑应用试点工作，利用互联网、大数据、人工智能等技术，搭建了一个集数据采集、存储、分析、展示、应用于一体的综合性平台，实现了对回天地区的全方位感知、智能决策、协同治理和便捷服务。具体来说，“回天大脑”主要包括以下几个方面。

（1）在数据采集方面。

“回天大脑”有了“眼睛”和“耳朵”，通过各类传感器、摄像头、无人机等设备，实时采集回天地区的人口、交通、环境、社会治理等方面的数据，形成了一个覆盖全区域的数据感知网络，为数据分析和应用提供了基础。

（2）在数据存储方面。

“回天大脑”通过云计算、边缘计算、人工智能等技术，将采集到的海量数据进行存储、清洗、整合和加工，构建了一个涵盖多个领域、多个层级、多个维度的数据资源库，为数据分析和应用提供了支撑。

（3）在数据展示方面。

“回天大脑”通过可视化、图形化、动态化等技术，将数据分析的结果以直观、生动、易懂的方式展示给政府部门、社区居民和社会公众，形成了一个涵盖大屏幕、移动端、网页端等的数据展示平台，为数据应用提供了窗口。

（4）在数据应用方面。

“回天大脑”通过智能化、协同化、服务化等技术，将数据展示的结果应用到回天地区的基层治理、社区管理和交通出行等领域，形成了一个涉及多个场景、多个主体、多个功能的数据应用系统，为数据赋能提供了途径。

3. 数据要素实现数字化效果

在基层治理方面，“回天大脑”实现了对回天地区的各类诉求、投诉、建议的智能识别、分类、分发和处理，提高了政府部门的响应速度和解决效率，实现了未诉先办、一次办结、一网通办等目标，有效提升了群众的获得感和信任感。同时，“回天大脑”实现了对回天地区的各类项目、资金、政策的智能监测、评估、预警和优化，提高了政府部门的决策水平和执行力，实现了科学规划、精准施策、动态调整等目标，有效提升了政府的公信力和执行力。

在社区服务方面，“回天大脑”对回天地区的各类社区资源、设施、服务实现智能感知、分析、展示和调配，提高了社区居民的生活便利度和舒适度，实现了资源共享、设施完善、服务优化等目标，有效提升了社区的美誉度和凝聚力。同时，“回天大脑”对回天地区的各类社区活动、组织、志愿者进行智能推荐、匹配、协作和激励，提高了社区居民的参与度和活力，实现了活动丰富、组织有序、志愿者有为等目标，社区的文明度和和谐度稳步攀升。

在交通出行方面，通过“回天大脑”，实现了对回天地区的各类交通流量、拥堵情况、出行需求的智能监测、预测、调控和引导，提高了交通运行的安全性和畅通性，实现了流量平衡、拥堵缓解、需求满足等目标，有效提升了出行者的安全感和便捷感（图 11.1）。同时，“回天大脑”也充分完善了对回天地区的各类交通设施、服务、政策的智能规划、建设、管理和优化，提高了交通服务的质量和效率，实现了设施完善、服务创新、政策适应等目标，有效提升了交通的可持续性和智能性。

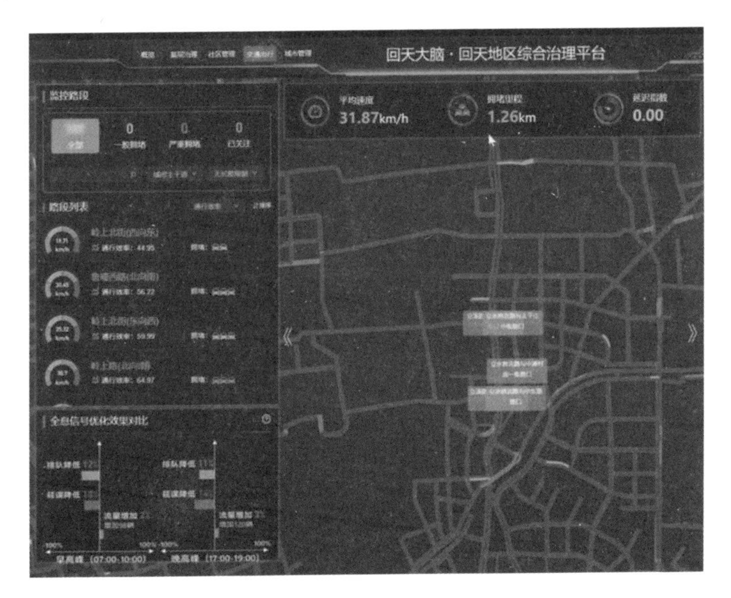

图 11.1　“回天大脑”智能算法动态调整红绿灯时长

案例三：深圳智慧交通系统

1. 案例背景

深圳市是中国改革开放的前沿城市，也是国际科技创新中心，拥有超过 2000 万的常住人口，随着城市的快速发展，深圳面临着交通拥堵等城市痼疾，人、车、路的矛盾日益凸显。为了提升城市交通的智能化、绿色化、安全化水平，深圳市于 2016 年启动了智慧交通系统的建设，旨在通过大数据、云计算、人工智能、物联网等技术，实现对城市交通的全面感知、精准控制、优化调度和便捷服务，展现了数据要素在城市交通管理方面的重要作用。

2. 数据要素提供数字化解决方案

深圳智慧交通系统以城市交通大脑为核心，从顶层设计入手，对深圳城市交通体系展开整体规划。系统基于视频云、大数据和人工智能等核心技术，搭建了具有统一性与开放性的智能化交通管控系统。这一系统实现了以下关键功能。

（1）实时监控与调度。

通过高清视频监控，实时掌握交通状况，快速响应突发事件。

（2）智能信号控制。

基于大数据分析，优化信号灯配时，提高交通流畅度。

（3）智能路网规划。

利用数据模型，预测交通拥堵，优化道路规划。

此外，深圳智慧交通系统还着重搭建统一的数据共享与分析平台，以促进信息的共享、整合与充分利用。该平台融汇了大量的数据资源，形成数据汇集中心，提供优质和高效的交通服务。深圳智慧交通系统积极推进数据采集与整合，整合来自交通摄像头、传感器、移动应用等多渠道的数据，形成全面的数据资源。此外，深圳智慧交通系统采用深度学习、监督学习等多种算法实现实时分析与预测，通过大数据分析，预测交通拥堵、事故等情况，提前采取措施。深圳智慧交通系统还着眼于信息共享与开放，将数据以一种更直观、更可收集的方式共享给市民、企业和其他政府部门，促进城市治理的协同。

深圳智慧交通系统专注于助力数字化转型升级，借助高水平的研发投入占领技术领先地位。该系统设立了多个专业科研部门，包括城市交通研究院、科技创新中心、交通科学研究院。这些部门围绕“感-知-算-判-治”的技术路线展开自主研发，共同打造了一套完整的技术体系，覆盖智慧交通全链，持续推动数字化升级。

3. 数据要素实现数字化效果

（1）在交通规划方面。

通过深圳智慧交通系统，实现了对深圳市的交通需求、交通供给、交通发展的智能分析和预测，提高了交通规划的科学性和前瞻性，实现了交通规划的动态调整和优化，有效指导了城市交通的建设和发展。

（2）在城市交通管理方面。

深圳智慧交通系统对城市的车流量、道路状况及突发事件进行高效的监控与调节。这个系统不仅增强了对交通流动的准确把握和即时响应能力，而且推动了交通监管向自动化、智能化的转变，显著提升了道路使用的安全性与流畅性。

（3）在提升交通运营水平方面。

深圳智慧交通系统对公交、出租、网约车及共享自行车等多样化出行方式进行了高效的智能调度和整合。这一措施不仅提升了城市交通运营的效率与和谐性，还通过运营模式的创新，更好地满足了居民多变的出行需求。

（4）在交通服务的优化方面。

深圳智慧交通系统为市民提供了包括路况信息、导航服务、咨询及投诉处理等在内的全方位智能交通服务。这些服务的提升不仅使得交通更加便捷，也赋予了服务更多个性化和智能化的特征，极大地增强了居民的出行满意度和生活品质。

11.5 本章小结

数据要素与城市治理结合，通过数据的收集、整合、分析和应用，提升城市治理的精准性、及时性和有效性，推动城市治理智能化、精细化、法治化。具体做法包括：在城市规划建设中，通过开放共享遥感、地理、人口等数据，构建大数据平台和智慧感知系统，实现科学化、智能化、绿色化；在城市公共服务中，利用数据资源构建一体化、精准化和智慧化平台，实现普惠化、人性化和智能化；在城市社会治理中，利用数据资源构建创新化平台，实现协同化、法治化和智能化。这些措施提高了城市治理和公共服务的质量、效率和便捷性，增强了公信力、公平性和满意度，但也面临数据安全、隐私保护和权益保护的挑战，需要加强对数据的保护、监管和治理，解决数据质量、标准和共享问题，促进数据开放、协作和创新。

总之，将数据要素和城市治理结合，是一种符合时代发展趋势、贯彻新发展理念、推进城市治理现代化的创新做法，有利于提升城市规划建设、城市公共服务、城市社会治理的质量和水平，同时也需要注意防范和解决数据安全、数据隐私、数据权益等方面的问题。我们要充分认识城市治理数字化转型的重要意义和价值，加快推进智慧城市实践和探索，为建设美丽中国、幸福中国、和谐中国作出积极贡献。

第 12 章

数据要素 × 文化旅游

文化旅游是现代社会人们追求精神文化的一种体现。随着经济的发展和人民生活水平的提高，文化旅游已经成为越来越多人休闲度假的选择。本章首先介绍我国文化旅游的发展情况与政策，然后介绍文化旅游的发展难点，以及数据要素如何赋能文化旅游，最后用具体案例展示数据要素在文化旅游中的应用。

12.1 文化旅游发展情况与政策介绍

12.1.1 我国文旅产业政策总体情况

2018年，我国的机构改革将原文化部和国家旅游局合并为文化和旅游部，这一举措象征着文化与旅游领域的深度融合。此项改革的核心目的在于更有效地协调文化遗产的保护与利用，全面提升国家文化软实力，同时推动旅游业向高质量发展转型。这一整合不仅促进了文化资源的优化配置，还为文化遗产的活化利用提供了更为广阔的平台。

我国政府高度重视文化遗产的保护工作，强调必须将保护与合理利用相结合，在确保文化遗产得到有效保存的同时，也能够为社会发展和人民生活增光添彩。在这一框架下，政府鼓励使用科技手段对文化遗产进行数字化保护，这不仅有助于文化遗产的长期保存，也更方便公众近距离了解文化遗产。数字化技术如三维扫描、虚拟现实（virtual reality，VR）、增强现实（augmented reality，AR）等，已被广泛应用于文化遗产的记录、修复和展示，极大地丰富了人们对文化遗产的认知和体验。

通过创新的解读和展示方式，政府旨在让文化遗产在旅游中焕发生机。这包括利用现代化的展览和解说手段，结合故事和互动体验，使游客能够更深入地了解文化遗产背后的历史和文化内涵。此外，文化和旅游部还积极探索将文化遗产融入现代生活，如发展以文化遗产为主题的创意产品和旅游项目，促进地方经济和文化旅游的融合发展。

12.1.2 相关政策举例

近年来，我国出台了一系列政策，旨在推动文化和旅游产业的高质量发展，并重点强调了科技创新的重要性。这些政策覆盖了从数字化转型到数据共享，再到智慧旅游建设等多个方面，反映了国家对于文旅产业融合发展的高度重视。

我国文旅领域的相关政策见表 12-1，涵盖了加快新技术在旅游领域的应用、促进政务数据有序共享、推动数字文化产业发展、支持智慧旅游项目建设、明确非物质文化遗产数字化保护标准、激励数字化创新应用、加强旅游市场数据监测分析等方面，旨在通过科技创新提升旅游业发展水平，增强旅游产品和服务的体验性与互动性，以及提高旅游服务的便利度和安全性。这些政策不仅展示了文旅产业数据要素的发展和利用方向，也为产业发展提供了实际的支持和引导。

表 12-1　我国文旅领域的相关政策

时间	发文机关	标题	相关内容
2021 年 12 月	国务院	《“十四五”旅游业发展规划》	加快推动大数据、云计算、物联网、区块链及 5G、北斗系统、虚拟现实、增强现实等新技术在旅游领域的应用普及，以科技创新提升旅游业发展水平。大力提升旅游服务相关技术，增强旅游产品的体验性和互动性，提高旅游服务的便利度和安全性。鼓励开发面向游客的具备智能推荐、智能决策、智能支付等综合功能的旅游平台和系统工具
2022 年 8 月	文化和旅游部办公厅	《文化和旅游部办公厅关于进一步加强政务数据有序共享工作的通知》	政务数据共享，是指因履行职责需要，使用其他政务部门政务数据资源，以及为其他政务部门提供政务数据资源。推进政务数据有序共享，是深入实施国家大数据战略、加强数字政府建设、推进国家治理体系和治理能力现代化的基础性工作，是新形势下政务部门提高行政管理水平、提升公共服务质量、促进文化和旅游高质量发展的有力支撑
2020 年 11 月	文化和旅游部	《文化和旅游部关于推动数字文化产业高质量发展的意见》	激发数据资源要素潜力。支持文化企业升级信息系统，建设数据汇聚平台，推动全流程数据采集，形成完整贯通的数据链。支持上下游企业开放数据，引导和规范公共数据资源开放流动，打通传输应用堵点，提升数据流通共享商用水平

续表

时间	发文机关	标题	相关内容
2023 年 6 月	文化和旅游部	《非物质文化遗产数字化保护 数字资源采集和著录》	本系列标准明确了非物质文化遗产数字资源采集和著录的总体要求，规定了各门类非遗代表性项目数字资源采集方案编制、采集实施和著录的业务要求和技术要求，共 11 部分
2023 年 11 月	文化和旅游部	《国内旅游提升计划（2023—2025 年）》	加强数据监测分析。持续开展旅游市场数据监测工作，加强分析研判，提高政策措施的科学性、精准性和针对性
2023 年 11 月	广西壮族自治区人民政府办公厅	《关于推进文化旅游业高质量发展的若干措施》	提升建设“旅游商品溯源平台”“旅游诚信管理平台”，实现智慧化升级和线上线下联动，全面提升用户体验感和监管便捷度

上述政策体现了我国在不同时间和不同政府部门对文旅产业数字化转型的重视，这不仅有助于保护和传承我国丰富的文化遗产，还为提升公众文化素养、促进文旅产业的可持续发展奠定了坚实基础。

12.2 文化旅游目前发展难点

当前，数字化转型已经成为推动经济发展和社会进步的重要力量。然而，无论是在宏观领域还是在微观领域，数字化转型都面临着一系列难题。

12.2.1 宏观层面发展难点

随着经济全球化和文化多样性的推进，文旅产业发展面临着文旅资源保护、经济和政策波动及全球化竞争等多个难点。这些难点不仅考验着政策制定者和行业参与者的智慧与勇气，也促使人们思考如何在保护与发展之间寻找平衡，以及如何在全球化的竞争中凸显我国文旅产业的独特价值。在此背景下，探讨文旅产业的未来发展路径，不仅是对经济发展模式的一种探索，也是对树立文化自信的一种实践。

1. 文旅资源保护

对于文旅产业而言，文旅资源及景点的保护始终是一个需要重视的问题。

我国丰富的文旅资源常常处于自然条件恶劣的环境中，这使得它们极易遭受破坏，失去原有的形态和价值。近年来，城镇化进程的加速也对许多珍贵的文化资源造成了损害，这对我国的文化遗产而言无疑是巨大的损失。

尽管人们对文旅资源的保护意识逐渐增强，相关法规和政策也在不断完善，但目前这些保护措施仍处于试验和改良阶段，其效力和覆盖范围有限。

2. 经济和政策波动

文旅产业受经济环境和政策调整的影响较大，如突发公共卫生事件导致的旅游限制、文化活动取消等。例如，在 COVID-19 疫情阶段，各景点响应抗疫号召，迅速暂停营业，加大防控措施，整个文旅产业因失去大量游客的消费力而遇冷。同样，与文旅产业相关的诸多产业也因为需求大幅减少，导致不少企业经营面临严重困难，面临倒闭。

疫情导致国际旅游需求急剧下降，全球多达 1 亿个直接旅游就业岗位面临风险，尤其是依赖旅游的经济体受到的冲击更为严重。随着全球经济逐步复苏，消费者的旅游支出意愿逐渐回升，但整体消费能力的不均衡使得文化旅游市场仍面临需求不足的挑战。部分地区的经济恢复较慢，限制了游客的流动和消费。同时，各国政府为促进文化旅游复苏，推出了一系列支持政策，如财政补贴、税收优惠和基础设施投资，这为行业发展提供了必要支持。然而，政策的实施效果因地区差异而异，部分地方政府在资源配置和政策落实上存在不足，导致文化旅游发展不平衡。

3. 全球化竞争

在全球化背景下，如何提升我国文旅产业的国际竞争力，吸引更多国际游客，是我国文旅相关部门关注的问题。我国作为四大文明古国之一，拥有丰富的历史文化遗产、壮丽的自然风光以及多样化的民族文化，具有巨大的旅游发展潜力。我国的旅游业需要充分利用自身的资源优势走出国门，向全世界展示中国文化。

但是，机遇伴随着风险，国际局势的变化，如各国的经济形势、签证政策调整甚至战争等，都可能影响国际游客的旅游决策。

12.2.2 微观层面发展难点

除了需应对宏观层面的挑战与难题，文旅产业的发展也需要关注可持续性、文化传承等方面。在制定文旅产业未来的发展策略和措施时，必须重视创新与可持续性的结合。这意味着，发展文旅产业不仅要实现助推经济增长的目的，也要承担起保护环境、传承历史文化、保障旅游安全与服务质量的责任。只有这样，文旅产业才能够朝着高质量发展的方向迈进，实现在经济、社会和环境三方面的平衡与共赢。

1. 旅游目的地的可持续发展

随着旅游业的蓬勃发展，一些热门旅游目的地面临着日益增加的环境压力和资源过度消耗的挑战。这不仅威胁到当地的生态平衡，也影响了旅游发展的可持续性。因此，推广生态旅游和社区旅游，鼓励将旅游开发与环境保护相结合，成为实现旅游目的地可持续发展的重要途径。

生态旅游和社区旅游的核心理念，在于尊重和保护自然环境，同时提升当地社区的福祉，确保旅游活动能够为当地带来益处，而不是负担。

2. 文化内容的创新与传承

在传承传统文化的过程中，如何创新文化内容以满足现代消费者的需求，是文化发展面临的重要课题。鼓励文化创新和跨界融合，鼓励非物质文化遗产的现代表达，以及开发符合现代审美的文化产品和服务，不仅能够保护和传承传统文化，还能够让传统文化在现代社会中焕发新的生命力。

（1）文化创新是传承与发展传统文化的重要途径。

通过对传统文化元素的创新解读和艺术再创造，可以开发出既具有传统韵味又符合现代审美和消费需求的文化产品。例如，将传统工艺与现代设计理念结合，创造出既富有文化内涵又符合现代生活方式的工艺品。或者将传统故事和角色通过现代影视、动漫等形式重新演绎，使之更加贴近现代人的生活体验和情感诉求。

（2）鼓励非物质文化遗产的现代表达，是让传统文化活跃在当代社会的有效手段。

通过现代技术手段，如数字媒体、虚拟现实、增强现实等，为非物质文化遗产提供新的展示和体验平台，让传统技艺、民俗活动等非物质文化遗产以更加生动的形式呈现给公众，增强其吸引力和影响力。

（3）跨界融合是实现文化内容创新和满足现代消费者需求的重要策略。

通过将传统文化与现代科技、艺术、时尚等领域相结合，提供出跨界产品和服务，不仅可以拓展传统文化的表达形式和应用场景，还能够吸引更多年轻消费者的关注和兴趣。例如，结合传统文化和现代时尚设计的服饰品牌，或者融合传统音乐元素与现代音乐风格的音乐作品，都是跨界融合的成功案例。

3. 旅游安全与服务质量

在当前旅游市场迅猛扩张的背景下，确保游客安全和提升服务质量的挑战越发显现，事态的严峻性不容小觑。随着全球化进程的加速和人民生活水平的提高，旅游已成为越来越多人休闲和体验不同文化的方式之一。这一趋势虽然为旅游目的地带来了前所未有的发展机遇，但同时也对旅游安全和服务品质提出了更高的要求，特别是在游客安全和服务质量方面的挑战，已成为制约旅游业持续健康发展的重要因素。

游客安全问题的复杂性和多变性使得旅游安全监管面临巨大压力。旅游活动的安全风险涵盖了交通安全、住宿安全、餐饮安全、自然灾害、公共卫生事件等多个领域，任何一个环节的疏忽都可能导致严重的安全事故，威胁游客的生命财产安全。此外，随着旅游形式和消费者需求的多样化，如探险旅游、生态旅游等新兴旅游形态的兴起，更是为旅游安全监管带来了新的挑战。

服务质量的提升同样面临重重难题。在旅游市场日趋激烈的竞争中，如何通过高质量的服务来吸引和留住游客，成为旅游业者的关键课题。然而，从业人员服务意识的不足、专业技能的缺乏，以及服务标准的不一致等问题，严重影响了游客的体验质量。尤其在旺季时期，人力资源的短缺和服务质量的不稳定更是让这一问题凸显。

此外，随着数字化技术的发展，游客对于旅游服务的期待也在不断升级。他们不仅要求传统的服务高效、可靠，还希望能够通过数字化手段获得更加个性化、便捷的服务体验。这对旅游业者的技术投入、创新能力和服务理念提出了更高的要求。

12.3　数据要素赋能文化旅游

12.3.1　文化旅游中的数据要素

在当今快速发展的数字化时代，数据成为推动文化旅游发展的关键资源。数据也是除土地、劳动力、资本、技术以外的第五大生产要素。从数据，到数据要素，只多了“要素”两个字，但内涵大有不同——数据要素突出了数据的价值属性和资产属性，理解并掌握数据要素的使用对于改善和优化文化旅游体验至关重要。表 12-2 概括了文化旅游中七个核心的数据要素类别及其描述，这些数据要素对于理解和优化文化旅游体验十分重要。

表 12-2 文化旅游数据要素

数据要素类别	描述
游客数据	包括游客的基本信息（如年龄、性别、国籍等）、旅游偏好、旅游行为模式（如旅游时间、停留时间、消费习惯等）和反馈意见等
景点数据	包括文化旅游景点的基本信息、历史文化背景、游览路线、游客流量、开放时间、票价等信息
交通数据	涵盖到达文化旅游目的地的各种公共交通方式（如飞机、火车、公交等）的班次、票价、乘坐时间等信息，以及目的地内部的交通状况
住宿数据	包括酒店、民宿等住宿的位置、价格、设施、服务质量和可用性等信息
市场营销数据	包括旅游推广活动的效果评估、广告投放效果、社交媒体互动情况等
文化资源数据	与文化遗产、艺术作品、民俗活动等相关的数据，包括其历史价值、艺术价值、当前状况等
环境数据	涉及文化旅游目的地的自然环境、气候条件、环境容量等

12.3.2 数字文旅

数字文旅是指利用数字技术对文化旅游资源相关的数据要素进行开发、整合的新模式。它是文化旅游与数字技术深度融合的产物，通过互联网、大数据、云计算、人工智能、虚拟现实等现代信息技术，对文化和旅游资源进行数字化转换和创新，以提高旅游服务质量、文化传播效率和经济效益。

2021 年，中国互联网络信息中心发布的第 47 次《中国互联网络发展状况统计报告》显示，截至 2020 年 12 月，我国网民规模达 9.89 亿，互联网普及率达 70.4%，网络视频用户规模达 9.27 亿，占网民整体的 93.7%。互联网普及和高频的网络视频使用为数字文旅的发展提供了广阔的平台。随着人工智能、虚拟现实、增强现实等技术的不断成熟，数字文旅开始呈现出更加丰富和多元的发展趋势。这不仅仅体现在对传统文旅资源的数字化保护利用上，更表现为创新服务的开发，为公众提供了新颖独特的文化旅游体验。

例如，通过虚拟现实技术，用户不用去现场就可获得沉浸式的旅游体验，访问各地的名胜古迹和自然风光。通过增强现实技术，可使旅游者在旅游景点中使用手机或专用设备，看到或听到相关的历史场景或文化故事，极大地拓展了旅游的深度。此外，人工智能技术在智能导览、个性化推荐、语言翻译等方面的应用，也极大提升了旅游服务的质量和效率。

数字文旅的发展还带动了地方经济的增长。通过数字化转型，许多地方的文旅资源得以更好地开发和利用，吸引了更多的游客，也促进了当地文创产品的销售，为地方经济的发展注入活力。例如，一些地方政府通过建设数字文旅平台，整合地方文化旅游资源，提供在线虚拟旅游、电子商务、文化教育等服务，既提升了文化旅游的吸引力，也实现了经济和社会的可持续发展。

未来，数字文旅的发展潜力巨大，但也面临着诸多挑战。如何在保护和传承文化遗产的同时，实现其数字化转型；如何在确保数据安全和用户隐私的前提下，提供个性化和高质量的旅游服务；如何平衡线上与线下旅游体验，确保旅游业的健康可持续发展，都是需要深入思考的问题。随着技术的进步和政策的支持，相信数字文旅将具有更加宽广的发展前景，为人们带来更加丰富多彩的文化旅游体验。

12.4　具体案例展示

案例一：文旅大模型训练数据集开发及垂类大模型应用

1. 背景与挑战

北京市作为中国乃至全球最受欢迎的旅游目的地之一，游客对智慧旅游的需求日益增长。在推动文旅产业的高质量发展过程中，面临以下业务需求和挑战。

（1）权威实时便捷的信息服务需求旺盛。

一是信息获取成本高。用户在多个平台或应用上查找、比较信息时，往往需要耗费大量时间和精力，导致信息获取的效率较低。二是搜索式机器问答具有局限性。以往的搜索式机器问答系统难以准确理解用户意图，常常答非所问，未能提供用户所需的精准信息和服务。

（2）陪伴式导览服务需求。

一是对导游和讲解员的专业性需求。游客对导游和讲解员的专业性要求不断提高，尤其在旅游旺季，专业导游和讲解员数量不足，难以满足大量游客的需求。二是对智能体讲解服务的期待。在数字技术全面渗透到大众生活的背景下，游客期待获得陪伴式、私人专属的智能体讲解服务，以提升旅游体验。

（3）文旅业态数字化转型升级需求。

一是传统文旅服务的局限性。传统的文旅服务业态已无法满足多元化的大众需求，存在服务形式单一、体验感不强等问题。二是科技融合的必要性。

将文旅资源与科技融合（如数智人导游、沉浸式体验等），成为文旅产业发展的迫切需求。数字化转型升级能够提供更加丰富、个性化的服务体验，提升游客满意度和参与度。

在此背景下，北京市亟须通过智慧旅游的全面升级，解决以上挑战，满足日益增长的游客对智慧旅游的需求，实现文旅产业的高质量发展。

2. 数据要素解决方案

基于智谱 ChatGLM 基座大模型，通过优化模型结构、文旅数据预训练、强化安全审核策略。文旅垂类大模型高质量训练数据集包括预训练数据集、指令微调数据集和测试数据集，分别用于文旅垂类大模型微调预训练，使其更好地适应文旅领域服务任务，评估和验证训练后模型的性能、准确性和安全性。

基于大模型底座能力开发的游客服务智能体，以 SaaS 化 API 的方式向"文旅海淀"公众号提供智能体服务，提供游前行程规划师、游中私人讲解员、游后旅行分享家的全程智能服务。游客服务智能体为游客充当"文旅万事通"，提供权威、实时、全面的咨询服务，助力行程无忧。

数据催化人工智能发展，催生未来新赛道、新业态。向景区、博物馆、图书馆协调私域数据，为公众提供更具深度、专业性的问答能力。开发生成式文创体验项目，通过语音交互生成独一无二的文物元素 AI 画作，并将画作打印作为文创商品带回家。协调外卡受理点位，为外籍游客提供便利的外卡支付导航服务，提升入境游消费体验。打造一款软硬结合、可语音交互、提供专属情感陪伴式的海淀文旅 IP 智能文创产品，丰富文创产品类目。通过这些创新举措，北京市在文旅产业的数字化转型中取得了显著进展，提升了游客体验，推动了文旅资源的全面利用和高效管理。

3. 实际应用效果

（1）经济效益。

① 吸引游客与提升消费。通过提供个性化的旅游规划、导览服务及旅行分享，吸引更多游客，提升区域旅游的吸引力和游客满意度。如果实现 10%的客流增量，并且每位游客消费增加 10%，旅游收入将实现双位数增长。

② 合作与流量变现。与旅游企业合作，提供直销平台和零佣金政策，帮助企业降低运营成本。若智能体应用承接十万级用户，按人均贡献百元消费估算，平台用户流量变现收益年可达千万级。

③ 优化资源分配。通过优化资源分配，提高资源利用效率，降低运营成本，实现更加高效的运营管理。

④ 打破地域限制。文旅大模型打破地域限制，吸引更多远程游客，进一

步扩大市场份额。通过与教育、艺术等产业跨界合作，创新商业模式，开创经济增长新点。

（2）社会效益。

① 提升服务效率与体验。智能体应用实现全天候高效智能服务，提升服务效率和公共服务体验。游客满意度的提升将促进口碑传播，吸引更多游客。

② 技术创新与数据流通。通过不断挑战和探索大模型在文旅领域的应用，推动算法、算力和数据处理等方面的技术创新，为数据要素流通注入新的活力。

③ 创造就业与培训。文旅大模型的建设和运营将创造新的就业机会，带动相关从业人员的技能培训和素质提升，促进就业市场的发展。

④ 文化认知与保护。通过历史文化的数字化展示，增强公众对传统文化的认知、尊重与保护，促进文化的创新、传承和弘扬。这不仅有助于保护文化遗产，还能提升公众的文化素养和社会责任感。

案例二：中国国家图书馆——数据要素活化古籍利用

1. 背景与挑战

古籍数字化项目是一项具有深远意义的文化创新工作，不仅是技术与传统文化的结合，更是对中华文明传承与发展的重要推动。中国国家图书馆积极响应国家文化数字化战略和古籍工作规划，利用数字技术活化古籍的利用（图 12.1），推动中华优秀传统文化的创造性转化和创新性发展。

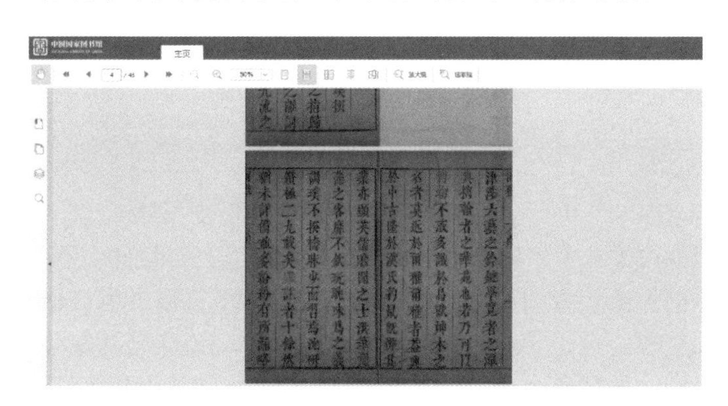

图 12.1　中国国家图书馆“数字古籍”板块

我国现存古籍约 20 万种、5000 万册（件），但实现数字化的不超过 8 万种，大多数所谓的数字化古籍只是完成了初步的影像扫描，真正实现文本数字化的不足 4 万种。传统古籍保护和利用之间的矛盾较为突出，如何在保证古籍得到良好保护的同时，使其便于读者使用，是一大难题。

2. 数据要素解决方案

（1）多手段采集汇聚文物数据资源。

中国国家图书馆利用高清影像拍摄和激光扫描等手段，采集了大量古籍数据，包括103万条数据、11万张图片和2000余个三维模型。通过编制文物数据采集加工地方标准，推动构建马王堆汉墓文物、音乐文物等文物知识图谱。古籍中涉及的传统医药、农牧渔猎、服饰服装、餐饮美食、礼仪文化、人物事件等元素被数字化映射、匹配、提取和转化，形成了多种文物数据资源集。

（2）建设高清影像数据库。

《永乐大典》高清影像数据库（第一辑）（图12.2）作为系统性保护研究整理工程的组成部分，致力于开展存世大典的文献数字化、全文化与数字版本征集。该数据库通过六大板块的设置，实现了数字化全文识别和版式还原，利用Web3D、光影还原等交互技术，提供沉浸式体验阅读。《永乐大典》的历史、编纂体例和流传情况得以生动展现。

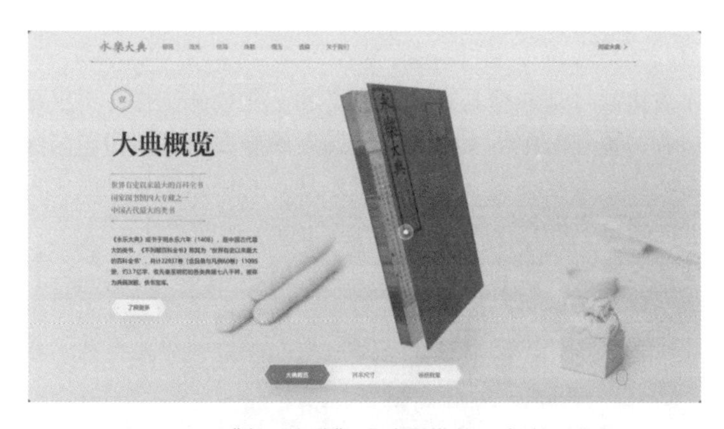

图12.2 《永乐大典》高清影像数据库(第一辑)

（3）智能检索和数字辑佚功能。

数据库的智能检索和数字辑佚功能大大提高了古籍引用文献和古籍数据要素的利用效率，便于学术研究。通过众包平台，公众可以参与古籍整理和校对工作，进一步增强了社会对中华优秀传统文化的认识和热爱。

（4）人工智能辅助处理。

通过光学字符识别（optical character recognition，OCR）和人工智能辅助技术，古籍的数字化处理时间大幅缩短，错误率降低，有效促进了古籍的保护、研究和传播。

3. 实际应用效果

古籍数字化不仅能实现古籍的永久保存，还使得这些珍贵的文化遗产能够更广泛地传播至公众，极大地激活了古籍的生命力。通过数字化，古籍不仅被精确保存，还能通过现代技术（如 360 度可视化等），为公众提供近乎真实的阅读体验，大大降低了阅读古籍的门槛。

古籍成功实现数据要素的转化是对中华文化宝库的一次重要挖掘和活化，它不仅保护和传承了传统文化，也为现代社会提供了丰富的文化资源和新的学习方式。随着技术的不断进步和社会的深入参与，古籍数据的未来将更加光明，对于促进全人类的文化交流和文明进步发挥越来越重要的作用。未来，古籍数据化的道路还将继续拓宽，借助于更先进的技术（如 AI 的进一步应用），将可能实现古籍内容的更深入挖掘和利用（如通过 AI 技术自动生成故事、注解、翻译等），从而使得古籍不仅仅是被保存和研究，更能活跃在现代社会的文化生活中，为现代社会提供更丰富的文化滋养。

案例三：湖南博物院文物数据资源挖掘与利用

1. 背景与挑战

推动数字技术与文物保护利用融合发展是建设文化强国的关键举措。然而，目前文物数据资源应用率较低，数据要素在文物的保护、管理、传播、利用中发挥的作用不足，难以对文物关联行业的数字化发展起到足够的支撑作用。湖南省博物院在这样的背景下，面临多个挑战：文物数据资源分散，湖南博物院拥有丰富的文物资源，但这些资源种类繁多且分散，难以形成有效的整合和利用；数据应用率低，文物数据资源应用率较低，数据要素在文物的保护、管理、传播、利用中发挥的作用不足，难以对文物关联行业的数字化发展起到足够的支撑作用；技术标准缺失，文物数据采集和处理过程缺乏统一的标准和规范，影响了数据质量和使用效率；跨领域融合难度大，将文物数据与其他领域（如旅游、科技、艺术）进行融合创新，需要克服技术和合作机制等多方面的障碍。

2. 数据要素解决方案

（1）构建文物数据授权和合作开发模式。

为了充分利用文物数据资源，湖南博物院与高校和优质企业建立了合作关系，免费开放品牌资源和文化数据资源库的授权，共同打造“数字汉生活”文化 IP 系列产品。这一创新举措使得文物数据资源在不同领域的应用中实现了复用增效，推动了文物数据资源的价值最大化。

（2）推动文物数据跨领域融合创新。

湖南博物院将文物数据与旅游、科技、艺术等领域融合，开发了多媒体戏剧、沉浸式体验、数字人、元宇宙及数字藏品等一系列产品，培育了新的消费场景，推动了文物数据资源的跨领域创新应用。

（3）协同优化文物保护和管理效能。

通过构建体现文物传承利用价值的数据要素体系，湖南博物院将文物病害、监测等数据与其他领域的技术优势和研究积累相结合，提升了文物保护修复能力和文物监测预警水平，从而提高了文物管理效能，实现了文物的全生命周期管理和全流程数据采集。

3. 实际应用效果

自 2022 年以来，湖南博物院先后推出了 60 余个数字展项，举办了 2 个大型数字化特展，吸引了 60 余万名观众，并实现了 2300 万元票房。博物院还与近 50 家企业和团队签约，形成了跨行业领域的转化应用成果，带动了近 10 亿元规模的文化创意及周边产业发展。此外，博物院还推出了 200 余项数字化项目，包括云展览、云教育、动画视频、沉浸式体验等，累计浏览量超过 1200 万次，视频播放量达到上亿次，显著提升了文物教育和文化传播的社会效应。湖南博物院通过这些创新举措，不仅提高了文物管理和保护的效能，还推动了文物数据资源的多领域融合和应用，成为文物数字化利用的成功案例。

12.5 本章小结

文旅行业数据要素的发展和应用极大地丰富了文化旅游的形式和内容。通过虚拟现实、增强现实技术，游客可以沉浸式体验遥远或难以到达的文化遗址，甚至穿越时间体验历史事件。大数据和人工智能技术的应用使旅游推荐更加个性化，提升了游客满意度和体验感。数字技术还为文化遗产保护提供了新的手段，利用数字化保存古迹信息，实现重建和学习。数据要素在内部管理和运营效率方面也展现出巨大潜力，通过云计算和人工智能技术，文化旅游机构能够高效处理和存储数据，优化运营策略，提高服务质量，智能客服和个性化推荐系统增强了游客满意度和忠诚度。物联网技术在文化旅游场所的应用，为游客提供便捷和安全的旅游环境，助力文化旅游目的地的可持续发展。

然而，数字化发展也伴随着高昂成本、旅游体验真实性降低、隐私和数据安全问题等挑战。高昂成本可能阻碍一些文化旅游目的地采纳数字化进程，导致资源分配不平衡。过度依赖数字化体验可能削弱游客与真实文化及自然环境的联系，影响旅游体验的真实性。隐私和数据安全问题日益凸显，行业需严格遵守法律法规保护游客信息。文化数字化展示需要精心设计和谨慎实施，以确保对文化遗产的准确理解和尊重。文化旅游行业需要采取有效措施，包括优化成本管理、提高技术普及率、加强隐私保护和数据安全措施，以推动行业的健康和可持续发展。

总的来说，数字文旅行业的发展为文化旅游领域带来了革命性的变革，提供了丰富多样的体验方式，促进了文化遗产的保护和传承。然而，数字行业的健康发展需要克服技术实施的高成本、游客数据隐私的保护、确保体验的真实性和深度等挑战。未来，通过持续的技术创新和政策支持，数字文旅有望解决这些问题，实现可持续发展，为更多人提供高质量的文化旅游体验。

第 13 章

数据要素×绿色低碳

在我国社会经济快速发展和产业结构迅速调整的当下，低碳转型建设已提升至国家战略层面。在这一背景下，绿色低碳产业，尤其是低碳环保产业，对于推动经济的高质量发展和稳步增长具有至关重要的作用。本章将对绿色低碳的发展情况与政策、绿色低碳目前面临的发展难点、数字要素赋能绿色低碳等进行介绍，并且通过具体案例展示数据要素在绿色低碳中的应用。

13.1 绿色低碳的发展情况与政策介绍

在“双碳”目标的背景下，我国已经实施了一系列政策措施，以促进经济社会的绿色转型和低碳发展。这些措施包括推动数字化与绿色化的共同进步，利用大数据、人工智能和云计算等技术，重新定义资源配置和能源消耗的方式。

13.1.1 数据要素与绿色低碳转型的深度融合

在绿色能源领域，我国取得了显著的成就，特别是在制造风力与太阳能发电设备方面，已跃居全球首位。这不仅凸显了我国在环保、低排放设备的生产和技术研发上的持续发展，也体现了我国节能环保行业在数字化转型过程中的卓越表现。2016—2023年，我国绿色低碳专利申请公开量累计57.3万件，年均增长10.0%，高于我国发明专利申请公开量年均增速（7.8%）。截至2023年底，我国绿色低碳专利有效量24.3万件，各领域同比均实现两位数增长，节能与能量回收利用和储能合计占比超60%。来自中国申请人的绿色低碳专利申请公开量同比增速高于全球，对全球总量增长的贡献度达到75.7%。2016—2023年，我国在全球低碳环保和环境技术创新布局中占据了举足轻重的地位。在我国的机械装备制造行业中，特别是在高效燃煤锅炉、电动机、膜生物反应器以及高压过滤设备的设计和制造方面，我国已经达到了国际领先水平。与此同时，数据技术的创新应用也促进了我国在燃煤电厂超低排放、煤炭的高效清洁利用以及碳捕获等领域取得了显著进展。具体而言，在除尘、居民生活污水处理以及余热和余压的回收利用等方面，得益于数字化转型的深入推进，我国的技术和实践已经跻身世界领先行列。

13.1.2 数据要素驱动下的“双碳”目标政策措施

从数字化与绿色化共同进步的角度来看，这些政策和行动计划有效地推动了我国经济社会的绿色转型和低碳发展。大数据、人工智能和云计算等技术的应用，不仅重新定义了资源配置和能源消耗的方式，而且为我国经济社会的绿色转型和低碳发展提供了新型动力和高效路径。这些技术在促进我国低碳产业数字化转型、创新交互和生态治理的过程中发挥了关键作用，并为我国企业、社会和政府部门的大规模联动治理奠定了坚实基础。我国已出台了一系列紧密有效的政策措施。例如，发布了《中共中央、国务院关于完整准确全面贯彻新发展理念做好碳达峰碳中和工作的意见》和《2030 年前碳达峰行动方案》，旨在推动社会向绿色化、低碳化、智能化转型。数智技术和数据要素为能源行业面向“双碳”目标的转型提供了新机遇，成为推动工业领域与企业社会数字化智能化转型的动力。

2023 年 12 月 31 日，国家数据局等 17 个部门联合印发了《“数据要素×”三年行动计划（2024—2026 年）》，将绿色低碳作为关键数据要素赋能的 12 大场景之一，强调能源与数字结合融合的新型基础设施建设和技术推广，不断推动能源产业和低碳行业的数字化、智能化、低碳化、绿色化转型，并打造企业之间发展的协作互助平台。该行动计划提出了以下五个方面的重点发力点。

（1）首要任务是创建一个工业与能源消费企业间的数据共享及通信机制。

（2）要收集和整合废弃物的产生、存储、运输和回收数据，并有效利用产品全生命周期的碳排放数据。

（3）要提高气象、水利等领域数据在共享时的利用效率和质量。

（4）要依法、有序地推进环境公共数据的共享。

（5）利用数字产业的核心技能，如数据分析和网络应用，为我国数字经济和绿色经济注入新活力，加强制造业与服务业等不同企业间的紧密结合与相互补充，提高生产效率，降低资源消耗。此外，通过优化服务品质和提供定制化解决方案，简化产业链条，增强交易流程的效率以及提升产品品质。

这些措施体现了国家对发展低碳和绿色产业的高度重视。资源和环境的限制正在从单一的行政管理手段转变为涵盖法律、行政和经济等多方面的综合手段。预计这些措施的有效实施将有助于达成碳达峰和碳中和的目标，并推动经济社会向绿色发展方向的整体转变。

13.1.3　“数据要素×绿色低碳”对技术跨行业绿色协作的融合作用

“数据要素×绿色低碳”行动计划作为当前最具创新性的举措，不仅从上层建筑角度体现了国家对绿色低碳行业数字化转型和数字行业绿色低碳化转型的高度重视，同时也展示了规范、标准、数字、绿色、低碳的规范标准不断升级与当前政策措施的紧密联系。当前，我国能源产业和低碳转型需求较高的产业已从资源环境的约束过程中逐渐向法律、行政和经济多个领域有效延伸。多个重要领域的代表性企业主体正在集中于能源大数据和低碳大数据的开发和应用，利用一系列有效的价值理论和实践路径，推动产业绿色化和数字化的双重转型，从而提升大数据在绿色低碳过程中的作用。

同时，“数据要素×绿色低碳”行动计划通过多元主体搭建的技术和政策平台，开展能源和碳排放在数字化层面相关的可视、核查、分析、应用、智能、信用等场景适配。这不仅使能源大数据在低碳转型过程中有效聚合数据供给方、数据需求方及数据服务方等多元有效的数据要素市场培育参与主体，而且实现了数字政府在政策端的有效发力和精准治理。通过这些措施，绿色产品和绿色服务更好地惠及民众和企业，实现了绿色能源市场的有效转型和数据要素市场的高效发展，从而赋能“绿色低碳，美丽中国”的多维建设。这不仅降低了数字产业的整体运行成本，提高了用户的感知体验，提升了社会资源的配置效率，而且在整体层面上提高了数字产业链的技术创新，提升了资源的利用效率和质量，降低了制造和运行能耗，实现了产业链的全方位节能减碳。通过这些综合性的措施，我国正朝着构建一个更加绿色、低碳、高效的经济社会迈进。

13.2 绿色低碳目前发展难点

我国在绿色低碳领域的数字化转型已取得一定成效，但仍面临诸多挑战，从长远来看，可以考虑通过整合传统能源和低碳能源的优势、防范金融融资风险、突破技术瓶颈和提高消费者绿色消费意识等措施，来推动绿色低碳产业的健康发展，实现可持续发展的目标。

13.2.1 传统能源与低碳能源整合的挑战

在我国当前的绿色低碳数字化转型过程中，低碳能源技术虽然发挥着关键作用，但也需要清醒地认识到，在数字化转型的道路上，低碳能源技术同样面临着一系列挑战。首先，低碳能源技术并非能源转型的唯一驱动力，也并非解决所有问题的万能钥匙。风能、太阳能和水能等新兴的清洁能源虽然在环境保护和可持续性方面具有显著优势，但受限于它们的不稳定性、波动性以及地理分布上的不均匀，因此，在可预见的未来，这些类型的能源仍无法完全取代传统的化石燃料，特别是在农业生产高峰期，季节性因素对能源需求的影响尤为显著。此外，为了支持当前数字化运营的需要，还需进一步增强技术研发的投入。

过度依赖单一能源，尤其是低碳能源，可能会导致在能源需求高峰期电力供应的不稳定，甚至可能削弱整个传统电力系统的弹性和韧性。因此，在促进绿色低碳企业和行业进行数字化转型的过程中，至关重要的是在技术层面和数字发展层面有效地结合传统能源与低碳能源的长处，实现能源的互补性。这样的整合不仅能增强能源供应的稳定性和系统的抗冲击能力，还能推动能源结构向更优状态转变，为达成绿色低碳发展的目标奠定坚实的技术基础。通过这种融合，我们既能确保能源的安全供应，又能助力经济向绿色增长转型，进而实现可持续的发展。

13.2.2　绿色低碳技术普及中的不确定性

尽管绿色低碳技术在全球能源结构转变中扮演着关键角色，但其在广泛实施过程中遭遇了众多难题和不明朗因素。在技术层面上，低碳能源技术常常面临规模有限、效率不高、所需投资庞大及风险系数高等挑战，其进步与创新的路径充满了不确定性。能源转型的驱动机制虽然存在差异，但主要受政府政策、技术创新、市场改革、主体行为等因素的共同影响。政府政策虽然在当前能源转型中起到了较大的推动作用，但长期来看，它无法单独作为核心动力。要实现持续的转型，必须依赖电力市场改革和碳定价机制改革等市场机制的推动。

13.2.3　绿色低碳产业数字化转型融资中的挑战

在绿色低碳产业的数字化转型过程中，企业可能会面临融资挑战。首先，环保项目通常具有较高的投资风险，这导致金融机构在提供融资支持时表现出较高的谨慎性，往往需要进行严格的审查。这种谨慎性可能导致环保项目融资支持不足，尤其是在政府与社会资本合作项目中，金融机构的谨慎性可能进一步加剧，甚至出现融资停滞的情况。这使得传统企业，尤其是环保企业，在寻求转型的过程中可能遇到重大困难。

同时，在低碳产业的发展过程中，可能会出现非理性发展，引发多重风险。例如，产业内部可能因无序竞争而迅速侵蚀创新过程中的利润空间，这不仅不利于产业的健康发展和竞争力提升，而且可能导致产能过剩问题。此外，对低碳绿色产业的大量投资可能会挤占对高耗能行业绿色改造的资金，增加这些行业的市场退出风险。绿色低碳产业的资本炒作还可能导致产业虚拟化，破坏企业的正常发展轨迹，从而累积金融风险。

因此，在绿色产业，尤其是数字化转型的过程中，企业应当及时防范金融融资过程中可能存在的风险。首先，企业需要加强数据交互，确保信息的透明和流通。其次，在发展过程中，企业应当及时进行数据资源的沟通与整合，构建企业间协作的共同平台。这样的平台不仅能够促进企业间的信息共享和资源优化配置，还能够提高整个产业链的协同效率，降低运营成本，增强市场竞争力。通过这种方式，企业可以在确保金融稳定的同时，推动绿色低碳产业的健康发展，实现可持续发展的目标。

13.2.4 数字化转型的挑战与绿色消费意识的缺失性

在商业和低碳行业的数字化转型过程中，存在诸多挑战。首先，数据技术的发展和数据资源的整合是一个长期的过程，而绿色低碳技术的广泛普及也需要相当长的时间。尽管一些企业和机构在合作中已经进行了小范围的创新和实验，但要实现规模化、产业化、商业化，往往还需要更长的时间。此外，数字领域的关键技术和核心设计软件的自主化水平仍有待提升，而在绿色低碳领域的转型过程中，一些技术瓶颈难以通过购买或第三方渠道解决，只能依靠自主研发和长期积累的经验来突破。

在消费领域，许多消费者尚缺乏绿色数字消费的意识。这不仅意味着绿色低碳消费标识不清晰，影响消费者的选择，而且消费市场还未形成绿色低碳的消费习惯和偏好。生产者可能会继续迎合现有的高碳消费需求，这不仅会削弱消费者对绿色低碳转型的积极性，同时也会导致低碳技术在广泛推广中难以提高经济合理性和民生承受力。数据要素也难以在市场偏好的影响下与绿色需求相结合，从而导致难以进行合理的成本分析和收益分析。

13.3 数字要素赋能绿色低碳

数字要素有效赋能绿色低碳发展，通过提高政府治理效率、优化资源配置、促进技术创新和合作，以及增强环境监测和管理能力，加速了产业结构的绿色转型。同时，数字技术的应用提升了节能减排的精确度和透明度，推动了整个社会向低碳、高效的方向发展，为实现可持续发展提供了关键支持。

13.3.1　数字政府建设与绿色低碳发展的协同路径

通过融合最新的信息技术，数字政府的建设不仅能够增强政府的治理效率，还能激发数字经济对绿色低碳发展产生的正面效应。为此，国家层面已经发布了一系列指导文件，如《"十四五"推进国家政务信息化规划》和《国务院关于加强数字政府建设的指导意见》，为数字政府建设描绘了新的发展蓝图。

根据政策指导，地方行政机构应将实现"双碳"目标作为核心任务，主动适应数字化转型的步伐，并将新一代信息技术整合到提升行政效能和管理流程优化中，以实现数字化与绿色低碳发展的同步提升。政府需主导数字化治理模式的创新，并深入推进绿色智慧和低碳转型的实施，以支持"双碳"目标的达成。为此，政府需寻找数据要素与绿色低碳发展的最佳结合点，加强数字化在自然生态系统保护和修复中的应用。例如，通过地面监测设备和高清遥感影像等技术手段，对森林环境要素进行数字化采集和分析，提升森林碳汇能力，助力实现碳中和目标。此外，政府部门应致力于完善数据标准体系，优化数据供需对接机制，推动数据要素依法有序流动、汇聚融合、共享开放，以充分发挥数据资源在数字经济赋能低碳发展中的基础作用。政府需实时采集和精确识别生态环境信息，充分利用水、大气及自然生态等数据资源。政府应当构建一套完备的体系，该体系不仅依托数据化管理和数字技术的应用来优化碳排放的动态核算与监测，而且还应致力于在企业和社会生产生活的各个层面实现智能化生态治理。通过建立数字感应与收集系统，将数据整理并汇总至数字云平台，再由专门的专家机构进行评估和检测。这样的措施不仅能迅速提升碳管理的效率，而且能在长期内提高碳管理的效果。通过这些措施，可以确保数字政府建设与绿色低碳发展之间的良性互动，共同推动经济社会的可持续发展。

13.3.2　数据要素赋能与产业低碳发展的协同路径

在数字化时代背景下，数字产业规模的扩大和跨行业绿色技术创新与合作对于推动绿色低碳发展具有至关重要的作用。构建能够进行测量、监督、统计和考核节能减排效果的大数据平台，例如，利用区块链技术确保碳监测数据的真实性和不可篡改性，是实现"双碳"目标的关键策略。从数字产业创新视角来看，数字经济与传统产业的深度融合，将数据视为新型生产要素，结合新一代信息技术的应用，能够更高效地推动传统产业结构的优化，实现全产业链的绿色低碳转型。

需要注意的是，低碳转型具有其不可分割性和多元要素的关联性。这意味着，在绿色低碳转型的过程中，应当采取统筹兼顾、整体实施、多措并举的策略。借助数据优势和数据政策的支持，不仅能在短时间内实现高效的大数据分析、人工智能、云计算、数字孪生等先进技术的应用，同时也能有效提升企业低碳转型过程中所需的全局能力和顶层设计能力。

数据要素的应用，不仅能够为企业提供新的思路和治理方法来减少污染、降低碳排放、实现协同增效，同时也能够推动低碳转型。一方面，数据要素通过采集、加工和处理生产数据，能够对生产链条和企业转型过程中的每个环节进行实时监测，从而精确地对生产过程进行监管，提高资源配置效率，减少资源的消耗和浪费。另一方面，通过数字化合作，企业可以依托数字产业的规模优势，提供多样化的产品和服务，构建多元数字融合的数字产业生态体系。

总体来说，随着“双碳”目标的全面推进，数字政府的构建应当持续聚焦于数字经济和绿色低碳发展的战略布局。借助大数据、物联网、人工智能等先进技术，实现对碳排放的全面了解、感知和预测，从而促进经济社会向绿色低碳方向的转型。这些行动能够确保数据要素在智能化低碳转型过程中释放最大效能，为达成可持续发展目标提供坚实的支撑。

13.3.3 数据要素在社会层面推动绿色低碳转型的效能

在社会层面，数据要素在绿色低碳转型中的应用不仅限于通过数字技术为社会服务提供智能监管和科学决策，而且还涉及坚持系统观念，促进政务服务平台与企业社会体系的全面整合。在这个过程中，数字技术被用来提高数据的应用水平，从而提升社会层面绿色低碳转型的数字决策化、智能化水平。这不仅深入推动了绿色产业和绿色社会的数字化建设，还充分发挥了数据要素的潜能和价值。

通过这种方式，数据资源被更好地整合到环境治理效能中，与数字化技术和数字化体系相结合，助力社会层面的绿色低碳转型。这种整合还有助于构建文明社会的数字化安全保护体系。然而，这一过程中的挑战也不容忽视，包括确保数据质量、保护个人隐私、缩小数字鸿沟等问题。因此，需要制定相应的政策和标准，以确保数据要素在推动绿色低碳转型中的作用得到充分发挥，同时解决相关挑战，实现可持续发展目标。

13.4　具体案例展示

案例一：天地一体化时空多尺度城市绿地碳汇监测体系

1. 背景与挑战

碳汇指的是自然生态系统（如森林、草原、湿地、城市绿地等）通过光合作用吸收和储存二氧化碳的能力，是应对气候变化的重要手段之一。随着全球变暖问题日益严重，各国纷纷加强碳排放控制与碳减排措施，碳汇的有效监测与评估成为实现碳中和目标的重要支撑。在全球气候变化加剧、环境压力增大的背景下，如何科学有效地监测和评估城市绿地的碳汇功能，成为城市生态建设与环境管理中的重要课题。

然而，当前城市碳汇的监测体系仍面临诸多挑战，这些挑战不仅来自于技术手段的局限，还包括数据管理、分析方法以及政策法规的制约。总结来看其中的碳汇功能核算还存在一些问题：一是多领域、多部门、多类型、多尺度数据使用存在壁垒，通量塔观测和多分辨率卫星遥感等多元数据无法实现高效高质的整合与协同；二是传统方法参数众多、评估周期长，无法考虑不同类型数据优势以进行量化整合与有效协同建模，监测周期仅达到年尺度，无法获取多时空尺度监测成果；三是传统碳汇监测成果精度较低，且多为离散点观测，空间不连续，以“微观”监测为主，难以实现碳汇的宏观准确监测；四是传统方法的样地调查、测量设备购置等人员和预算投入较大，碳汇监测评估工作的业务链条较长。

2. 数据要素解决方案

（1）多元数据协同获取。

发挥企业在激活数据要素中的关键地位，通过单位自主拥有获取北京三代卫星遥感数据，结合通量塔监测数据，必要时开展联合实验获取地面调查数据等多种形式，高质、高效、及时获取城市绿地碳汇功能核算模型所需的遥感数据、通量数据、气象数据、植被分类数据、地面调查数据等多元数据，并根据时空分辨率等特点进行整合。

（2）多元数据量化和统一整合。

对多元数据开展辐射定标、大气校正、重投影、数据重构、数据归一化、时空尺度匹配等系列定量化和归一化处理，将不同来源、不同空间特点（点、面）的数据量化、整合到一致的空间和时间尺度上。

（3）碳汇功能核算模型优化。

协同量化、统一整合后的多元数据，基于光能利用率理论构建城市绿地碳汇功能核算模型，并基于通量塔观测、气象等数据，对模型关键参数进行局地优化，继而实现对城市绿地碳汇的时空多尺度监测。

（4）基于通量足迹的精度验证。

基于通量塔观测数据，以通量足迹（footprint）理论为依据，构建通量足迹精度验证模型，对碳汇监测成果进行精度验证，实现了模型优化的验证闭环。

3. 实际应用效果

（1）在经济效益方面。

一是形成一种多元数据融合的碳汇监测服务模式，为每年百亿级碳交易、碳金融等领域服务和管理决策提供有效且易推广的核算方法和监测流程，具有很强的示范引领作用。二是有效降低了碳汇摸底监测经济成本。该体系有效减少了传统碳汇监测方法的人员和预算投入，缩短了业务链条，将大大降低碳汇摸底工作成本，有力促进减污降碳协同发展，对于实现“双碳”目标具有重要意义。

（2）在社会效益方面。

一是项目得到验收专家和领导的高度认可和评价。验收意见为：“项目成果达到了国际领先水平”“在国内首次融合遥感数据与碳通量监测等技术形成了天地一体化城市绿地碳汇核算体系”。二是摸清了北京市城市绿地碳汇的基本情况和时空分布规律。该案例从不同尺度评估北京城市绿地碳汇，对于了解北京城市绿地对气候变化的贡献，促进城市绿地科学规划和建设，提高城市生态环境质量具有重要的参考意义。三是应用推广潜力大。该模式能够快速推广到其他省市的城市绿地、森林、草原等生态系统碳汇功能核算应用中，可服务于全国不同时空尺度的碳汇摸底调查工作。

案例二：碳中和数据银行——多维效益与未来发展展望

1. 背景与挑战

面对全球气候变化问题与可持续发展目标，我国在绿色金融方面迅猛发展，引起了广泛关注。为了推进绿色金融的高效增长，数字金融的作用不可或缺。这要求我们完善金融数据中心、绿色金融科技云平台等基础设施，并加快算力基础设施的建设，从而为企业低碳转型提供更多融资途径。另外，金融机构应联手教育及培训机构，强化绿色金融科技人才的培育和引进，以应对数字金融与绿色金融结合的人力资源需求。

截至 2023 年 9 月底，我国绿色金融市场规模已经超过 30 万亿元，约占金融总资产的 7%。这一进展不仅凸显了金融领域对低碳发展的重视，也彰显了国家在低碳转型方面的决心。随着这一趋势的发展，碳中和数据银行作为金融创新和数据资源深度整合的产物应运而生。尽管我国已经出台了多项金融科技和绿色金融政策，但在绿色金融数字化方面还需要进一步的政策支持。因此，多个政府部门应积极与社会组织及企业合作，从战略规划和政策制定等多个维度和层面共同努力，以提升金融科技与绿色金融协同发展的合作品质与效率。在推进绿色金融数字化发展的过程中，应考虑当前社会生产实际情况，不仅要通过数字分析和专家辅助，发展出适应生产需求的技术创新体系和评价标准体系，而且要为未来可持续的、长期的数字金融和绿色金融的深度融合奠定坚实的基础。

2. 数据要素解决方案

数据银行理论在这一进程中扮演着核心角色，强调了数据资源在价值创造过程中的多元参与和多场景应用。这一理论框架为中国碳中和数据基础设施的建设提供了指导，有助于推进“双碳”目标。碳中和数据银行的建立是在政府的引导下，由企业主导，多方社会主体共同参与的结果。这一平台整合了能源大数据的多种属性，通过技术平台实现数据的可视、核查、分析和应用，为政府治理、民众服务、企业运营和能源市场的绿色低碳转型提供了强大的数据支持。这不仅促进了能源和数据要素市场的整合，也为实现碳中和目标奠定了坚实的数据基础。从绿色金融数字化的可持续发展角度来看，当前绿色金融科技与绿色数字化的深度融合正在识别产业链中各个环节的融资需求，特别是在法律等新兴领域。这一融合能够为企业提供多样化的定制产品和服务，助力企业在精细化管理过程中实现碳排放的优化和可持续发展。

为了进一步发挥能源数据要素的乘数效应，需要采取一系列措施。首先，需要探索和完善数据确权授权运营体系，确保数据的安全和有效流通。金融机构可以推出“碳中和”信贷额度以及排污权抵押贷款等产品，通过向地区性环境交易所或碳市场购买碳排放额度，并投放给符合绿色减排条件的优质项目，根据客户生产经营过程中的碳足迹来中和碳排放，全方位支持绿色环保项目的实施。同时，应加强数智技术在能源领域的应用，提升数据采集、处理和分析的能力。清洁能源作为资金密集、技术密集型产业，具有明显的产业链长和集群效应，以及技术扩散和经济乘数效应。此外，建立能源数据资源质量评估和信用评级体系，以及能源数据隐私保护制度和安全审查制度，对于保障数据交易的公平性和安全性至关重要。同时，制定能源大数据定价估值标准，强化企业市场主体地位，丰富能源数据应用场景，将有助于能源大数据在更广泛领域的应用。

3. 实际应用效果

在产业链的起始端，金融机构应当利用金融科技推动绿色金融数字化发展，满足绿色能源产业和项目的市场融资需求。值得关注的是，从产业链上游到中游的每个环节都应与数字化技术紧密结合。特别是在产业链的中游，企业间应建立协同发展的模式，利用金融科技不断创新业务模式和提升技术水平。这将有助于创造更多样化的金融产品，引导资金在绿色实体企业和项目之间健康循环，激励企业在数字化进步的过程中实现可持续的绿色低碳转型。这不仅能在更高层次上实现减碳的政策目标，还能促进企业间的互联互通，共同推动绿色低碳发展。这一目标的实现旨在促成产品间的互补性与共同发展。它不仅意味着金融机构能够为企业提供全面的金融服务，确保审查义务的履行，而且在产品层面上，金融机构还能协助企业进行有效的废弃物处理，实现资源的高效循环利用。这种模式不仅推动了金融产品与企业产品在绿色低碳方向的发展，同时也有助于降低企业在生产和成长过程中对生态环境可能造成的负面影响。在此基础上，预计将在治理、经济和生态三个方面带来显著效益。在治理效益方面，将提升政府的治理能力，帮助政府更精准地制定和实施能源政策，优化社会资源配置。在经济效益方面，将推动能源和数据要素市场的健康发展，为相关产业提供新的增长点。在生态效益方面，将通过优化能源配置，促进碳达峰和碳中和目标的实现，提升生态环境质量。

案例三：算力网络——推动低碳发展的协同动力分析

1. 背景与挑战

在“数据要素×绿色低碳”的时代背景下，算力网络的构建面临着重大挑战。尽管算力网络能够实现资源的最大化利用，并在低碳发展中发挥关键作用，但数据中心在追求高性能和可靠性的同时，必须转向更环保的运营模式。这包括采用先进的能耗管理技术，如智能监控系统和高效能源转换设备，以降低能源消耗和碳排放。此外，绿色低碳目标的实现对数据中心提出了更高的要求，必须在升级建设中考虑创新方案和能耗设计。

2. 数据要素解决方案

（1）建立多元化的整合平台。

为了实现绿色低碳目标，数据中心需要构建一个安全、可靠且多元化的整合平台。这一平台应整合不同类型的算力资源和网络资源，以支持数据共享和高效调度。通过这种整合，能够优化业务请求的路径分配，提高用户体验，同时最大限度地利用现有资源，减少资源浪费。

（2）技术创新与研发。

在数据中心的建设与运营中，创新是推动绿色转型的核心。应聚焦于研发先进的能耗管理技术，如智能监控系统、动态冷却解决方案和高效能源转换技术。这些技术不仅可以降低能耗，还能实时监测和调整能耗状态，确保在满足性能需求的同时，减少碳排放。

（3）区域协同与发展。

在“东数西算”工程的框架下，推动东西部地区的协同发展尤为重要。通过优化资源配置，实现东部算力资源的优势互补，支持西部地区的基础设施建设和技术投资。这种区域协同将有效缩小发展差距，提升全国范围内的算力网络效能，为绿色低碳经济的整体发展奠定基础。

（4）智能调度与优化。

通过引入人工智能和大数据分析技术，提升算力资源的调度与优化能力。这种智能调度系统可以实时分析业务需求和资源状态，动态调整算力分配，提高资源使用效率，降低峰值负荷时的能耗，从而实现低碳运营。

3. 实际应用效果

通过上述措施，算力网络的推广有效推动了云计算行业的可持续发展，促进了地域算力资源的高效利用。同时，西部地区的自然资源和可持续发展策略支持了运营商的多元化发展路径，激发了产业链各主体的活力。这种智能化、低碳化和多元化的升级发展，使得算力网络在绿色低碳经济的构建中，发挥了越来越重要的协同动力，成为实现可持续发展的重要支柱。

13.5 本章小结

在分析数据要素与绿色低碳发展的结合过程中，数字化技术显现出其在推动绿色转型中的关键作用，同时也面临诸多挑战。数字化技术的整合应用，如数据共享、废弃物处理和碳排放监测等，已在提升能源效率、促进资源循环利用和加强生态保护方面取得显著成效。政府、企业和社会共同打造的数字平台，通过优化市场信息对接，降低了运营成本并提高了资源配置效率。然而，绿色低碳技术的商业化仍受限于技术规模小、效率低、融资困难等问题，同时政策协调和市场监管也面临挑战。政府需出台更多支持政策，激励企业在碳中和领域取得进展，并推动数字基础设施与绿色能源的协同发展，以构建多元化的治理网络，推动经济社会全面绿色转型。

参 考 文 献

陈兰杰, 侯鹏娟, 王一诺, 等. 我国数据要素市场建设的发展现状与发展趋势研究[J]. 信息资源管理学报, 2022, 12(6): 31-43.

陈晓红, 胡东滨, 曹文治, 等, 2021. 数字技术助推我国能源行业碳中和目标实现的路径探析[J]. 中国科学院院刊(9): 1019-1029.

国务院发展研究中心“绿化中国金融体系”课题组, 张承惠, 谢孟哲, 等, 2016. 发展中国绿色金融的逻辑与框架[J]. 金融论坛, 21(2): 17-28.

李金昌, 连港慧, 徐蔼婷, 2023. “双碳”愿景下企业绿色转型的破局之道: 数字化驱动绿色化的实证研究[J]. 数量经济技术经济研究, 40(9): 27-49.

梁银锋, 王镝, 2024. 政务服务数字化转型何以提升公共服务效率？: 以“互联网＋政务服务”平台建设为例[J]. 电子政务(1): 46-62.

刘金钊, 汪寿阳, 2022. 数据要素市场化配置的困境与对策探究[J]. 中国科学院院刊, 37(10): 1435-1444.

刘银喜, 王瑞娟, 蔡毅臣, 2024. 数据治理共同体的内涵意蕴及其构建路径: 基于国家数据局的职责构成分析[J]. 内蒙古社会科学, 45(1): 76-83.

孙静, 王建冬, 潘永, 等, 2023. 数据要素市场标准化路径发展探究[J]. 价格理论与实践(10): 21-25.

王春晖, 方兴东, 2023. 构建数据产权制度的核心要义[J]. 南京邮电大学学报(社会科学版), 25(1): 19-32.

王鹏, 2023. 数字赋能融合发展 助力商圈提质升级[J]. 前线(4): 53-56.

王鹏, 梁成媛, 2024. 数字产业驱动绿色低碳发展: 理论机制与实践路径[J]. 治理现代化研究, 40(1): 91-96.

王志刚, 李承怡, 2022. 数据要素市场化的现实困境与对策建议[J]. 财政科学(8): 22-29.

文英姿, 曲杨, 张旭东, 等, 2022. 数据交易相关法规比较研究[J]. 大数据, 8(3): 66-77.

邬彩霞, 高媛, 2020. 数字经济驱动低碳产业发展的机制与效应研究[J]. 贵州社会科学(11): 155-161.

薛兴华, 2023. 着力构建适应数字经济发展的数据基础制度[J]. 通信企业管理(2): 44-47.

杨刚强, 王海森, 范恒山, 等, 2023. 数字经济的碳减排效应: 理论分析与经验证据[J]. 中国工业经济(5): 80-98.

杨俊，李小明，黄守军，2022．大数据、技术进步与经济增长：大数据作为生产要素的一个内生增长理论[J]．经济研究，57(4)：103-119．

尹西明，钱雅婷，王伟光，2023．场景驱动构建数据要素生态飞轮：从深圳数据交易所实践看 CDM 新机制[J]．清华管理评论(5)：107-117．

张会平，赵溱，马太平，等，2023．我国数据要素市场化流通的两种模式与生态系统构建[J]．信息资源管理学报，13(6)：29-42．

张雅琪，胡沐华，2023．建立数据产权制度 激发市场活力[J]．中国信息界(1)：37-39．

祖航，郎为民，王帅帅，等，2023．元宇宙数据流通问题研究[J]．电信快报(12)：6-10．

后　　记

本书深入探讨了“数据要素×”的概念、应用、政策和案例，通过对“数据要素×”基本原理和“数据要素×”在不同行业的具体应用进行深入剖析，全面分析了“数据要素×”在经济社会发展中的作用和意义。未来，随着数字化技术的不断发展和创新，“数据要素×”将在更多领域产生更为深远的影响。首先，“数据要素×”将进一步推动数字与实体的深度融合，从而为经济增长和产业升级提供强劲的支撑。其次，“数据要素×”将助力政府和企业实现数字化转型，提升治理水平和生产效率。最后，“数据要素×”还将培育新的经济增长空间，促进新质生产力的提升，增强国际竞争力，赋能人工智能，以及更好地保障国计民生，推动共同富裕的实现。“数据要素×”的未来充满着无限的可能性，对“数据要素×”的不断探索和创新，将为推动经济社会发展贡献更多的力量。

在本书撰写过程中，王小琬、王祎婧等作出了重要贡献，在此表示感谢。此外，谨以本书献给我的母亲李亚琴女士，感谢她多年对我的支持和鼓励。由于作者能力有限，书中诸多观点可能值得商榷，多有不足之处，敬请各位读者批评指正。